数字化转型百问

（第一辑）

点亮智库·中信联
数字化转型百问联合工作组　编著

清华大学出版社
北　京

内 容 简 介

当今世界正处于从工业经济向数字经济加速转型的大变革时代，数字化转型已成为新时期企业生存和发展的必然选择。然而产业界在理解、认识和推进数字化转型方面，仍缺乏广泛共识，亟待形成数字化转型共同话语体系。本书创新性地以问答形式，从什么是数字化转型、为什么要数字化转型、数字化转型干什么、数字化转型怎么干等方面，率先探讨了 46 个问题，并针对每个问题给出解答、说明、案例和解决方案，形成关键知识点共识，促进形成转型工作合力。

本书可为企业、服务机构、科研院所、行业组织、政府部门等相关方推进数字化转型提供一套涵盖理论认知、方法工具、解决方案和典型案例等的知识体系。

图书在版编目（CIP）数据

数字化转型百问. 第一辑 / 点亮智库·中信联数字化转型百问联合工作组编著. — 北京：清华大学出版社，2021.6（2023.5重印）

ISBN 978-7-302-58462-9

Ⅰ.①数… Ⅱ.①点… Ⅲ.①数字技术—应用—问题解答 Ⅳ.①TN911.72-44

中国版本图书馆CIP数据核字（2021）第112975号

责任编辑：刘 杨 冯 昕
封面设计：夏雨晴
责任校对：王淑云
责任印制：丛怀宇

出版发行：清华大学出版社
      网 址：http://www.tup.com.cn, http://www.wqbook.com
      地 址：北京清华大学学研大厦A座 邮 编：100084
      社 总 机：010-83470000 邮 购：010-62786544
      投稿与读者服务：010-62776969, c-service@tup.tsinghua.edu.cn
      质量反馈：010-62772015, zhiliang@tup.tsinghua.edu.cn
印 装 者：小森印刷霸州有限公司
经 销：全国新华书店
开 本：140mm×203mm 印 张：4.375 字 数：119千字
版 次：2021年6月第1版 印 次：2023年5月第4次印刷
定 价：39.00元

产品编号：093879-01

特别鸣谢

工业和信息化部信息技术发展司
国务院国有资产监督管理委员会科技创新和社会责任局

鸣谢（排名不分先后）

中国航空工业集团有限公司	中国兵器装备集团有限公司
中国航空发动机集团有限公司	中国石油化工集团有限公司
国家电网有限公司	中国南方电网有限责任公司
中国华能集团有限公司	中国大唐集团有限公司
中国长江三峡集团有限公司	国家能源投资集团有限责任公司
中国电子信息产业集团有限公司	中国第一汽车集团有限公司
东风汽车集团有限公司	中国机械工业集团有限公司
中国宝武钢铁集团有限公司	中国铝业集团有限公司
中国南方航空集团有限公司	中国中化控股有限责任公司
中国建筑集团有限公司	华润（集团）有限公司
中国节能环保集团有限公司	中国中钢集团有限公司
中国中车集团有限公司	中国电力建设集团有限公司
中国黄金集团有限公司	中国广核集团有限公司
中国国新控股有限责任公司	唐山钢铁集团有限责任公司
潍柴动力股份有限公司	徐工集团工程机械有限公司
中国企业联合会	北京大学
中国科学院大学	清华大学
北京航空航天大学	北京邮电大学
同济大学	中国工程院战略咨询中心
中国科学院软件研究所	国家信息中心
国家工业信息安全发展研究中心	华为技术有限公司

海尔卡奥斯物联生态科技有限公司　　阿里巴巴集团控股有限公司
深圳市腾讯计算机系统有限公司　　　用友网络科技股份有限公司
金蝶国际软件集团有限公司　　　　　浪潮集团有限公司
北京数码大方科技股份有限公司　　　成都智慧企业发展研究院
上海优也信息科技有限公司　　　　　36氪商学院
鉴微数字科技（重庆）有限公司　　　北京瑞太智联技术有限公司

百问专家工作体系

顾问组

组 长:

张平文　中国科学院院士，北京大学党委常委、副校长

副组长:

肖　华　工业和信息化部电子科技委副主任委员
　　　　中国工程院战略咨询中心特聘专家

胡　燕　工业和信息化部科技司原司长

李　颖　中国科学院大学应急管理科学与工程学院院长
　　　　工业和信息化部信息技术发展司原一级巡视员

朱卫列　国务院国资委国资监管信息化专家组副组长
　　　　中国华能原首席信息师

李德芳　中国石化管理干部学院书记

孙迎新　中国电子规划科技部主任

吴张建　中国电建信息化管理部主任

李　红　中钢国际货运有限公司执行董事

委员组

知识域	主任委员		副主任委员	
总体认识域	李 清	清华大学自动化系副系主任	宁连举	北京邮电大学大数据与商业模式研究中心主任
			李灿强	国家信息中心公共部咨询评估处副处长
			李 君	国家工业信息安全发展研究中心交流合作处副处长
战略布局域	李 红	中钢国际货运有限公司执行董事	李剑峰	中国石化信息和数字化管理部副总经理
			杨富春	中国建筑信息化管理部副总经理
			吴张建	中国电建信息化管理部主任
能力建设域	李德芳	中国石化管理干部学院书记	郑小华	成都智慧企业发展研究院有限公司总经理
			苗建军	中国航空综合技术研究所副总工程师
			王叶忠	金蝶软件（中国）有限公司数字化转型事业部高级总监
			窦 伟	阿里巴巴集团公共事务部战略规划总监
技术应用域	朱卫列	国务院国资委国资监管信息化专家组副组长，中国华能原首席信息师	郭朝晖	上海优也信息科技有限公司首席科学家
			陶 飞	北京航空航天大学科研院副院长
			赵振锐	唐山钢铁集团有限责任公司首席信息师
			王 瑞	华为技术有限公司标准与产业发展部部长

续表

知识域	主任委员		副主任委员	
管理变革域	张文彬	中国企业联合会创新工作部主任	陈南峰	中航电测仪器股份有限公司首席技术专家
			陈 明	同济大学教授
			马冬妍	国家工业信息安全发展研究中心信息化所副所长
业务转型域	吴张建	中国电建信息化管理部主任	阮开利	中国科学院软件研究所云计算实验室主任
			蔡铧霆	36氪商学院副院长
			李 凯	用友网络科技股份有限公司助理总裁
			李旭昶	金蝶软件（中国）有限公司高级副总裁、数字化转型负责人
			杜培峰	浪潮集团有限公司大企业本部CTO、首席咨询顾问
			陈江宁	鉴微数字科技（重庆）有限公司高级副总裁
数据要素域	王 晨	清华大学数据系统软件国家工程实验室总工程师	陈 彬	中国南方电网有限责任公司数字化部大数据管理经理
安全可靠域	杨 晨	中国科学院软件研究所研究员	赵金元	北京瑞太智联技术有限公司总经理

编写委员会

主　编：

周　剑　中关村信息技术和实体经济融合发展联盟
　　　　副理事长兼秘书长，北京国信数字化转型技术研究院院长

副主编：

陈　杰　北京国信数字化转型技术研究院常务副院长
邱君降　北京国信数字化转型技术研究院研究总监

编写组：

金菊、赵剑男、戴静远、金娟娟、李文、李蓓、陈希、王晴、
耿英杰

《数字化转型百问（第一辑）》由点亮智库·中信联数字化转型百问联合工作组组织编写，致力于为企业、服务机构、科研院所、社会团体、政府主管部门等相关方推进数字化转型提供一套涵盖理论体系、方法工具、解决方案和实践案例等的知识体系。

感谢以下个人在《数字化转型百问（第一辑）》写作过程中提供的宝贵意见和材料：

李清、王晨、杨晨、宁连举、王瑞、窦伟、张迪、申超超

序

当前，全球科技创新进入空前密集活跃期，以物联网、5G、云计算、大数据、人工智能、区块链等为代表的新一代信息技术呈现群体性爆发式发展，与传统产业加速深度融合，推动世界进入数字时代。科技创新实力愈发成为一国的核心竞争力，在这场所谓的"第四次产业革命"浪潮中扮演着至关重要的角色。党的十八大以来，我国加快实施创新驱动发展战略，持续完善国家创新体系，特别是在"十四五"规划中明确提出"把科技自立自强作为国家发展的战略支撑"，并单列篇章重点论述"加快数字化发展"的若干重要问题，强调要"以数字化转型整体驱动生产方式、生活方式和治理方式变革"。拥抱数字时代变革、深化科技自主创新，已经成为我国全面建设社会主义现代化国家的必由之路。

随着数字经济逐渐成为国际产业竞争的主战场，以互联网和科技企业为代表的新型企业组织正在加速取代能源、金融等传统企业，成为新的领跑者。对于企业而言，数字化转型是一个对传统管理机制、业务体系、商业模式进行全面创新和重塑，进而实现企业经营目标的过程。数字化转型将为企业带来系统性、综合性的转变，首先表现为能力体系重塑，依托数字能力建设与提升，推动企业业务从低附加值到高附加值环节转移；其次是价值体系重构，基于全域数据有序流动与共享利用，推动经营管理决策从局部最优提升为全局最优；最后是盈利体系的重建，利润的来源、周期与方式都将被重新思考与定义。

在由数字化转型引领的"第四次产业革命"中，中国已经取得了一定的竞争优势，在国际范围内占据了先机：我们拥有完备的数字基础设施、海量数据和大规模应用场景，活跃着一批思维敏锐、视野开阔、勤奋敬业的企业家群体，积累了丰富的数字化转型产业实践经验。然而，在实现"换道超车"的重大历史机遇和数字化转型可能带来的巨大挑战面前，我国产业界在理解、认识和推进数字化转型方面，仍缺乏广泛共识，亟待构建协同工作体系。

在此背景下，数字化转型百问工作的开展正当其时。它给当下发展迅猛但又缺乏体系化方法引领的数字化转型工作提供了十分有益的指引。以问题为牵引，构建社会化互动交流平台和开放协同创新机制，系统化构建关键知识点、典型案例、方法工具和解决方案等为一体的百问成果，必将有助于形成创新转型工作的合力，共建知识分享新模式，加快形成数字化转型共同话语体系。

从历史经验来看，产业革命不仅能拉动经济增长、改善社会民生，也将催生新的思想和理论。数字化转型百问作为数字化转型知识领域的一次社会化创新实践，为数字时代的思想交流和理论交锋提供了一个很好的平台。

截至目前，数字化转型依然在经济社会诸多领域快速演进，因此，《数字化转型百问（第一辑）》并不奢求对数字化转型中的若干问题给出决定性的结论，而是希望基于开放共创的理念，抛砖引玉，带动更广泛深入的讨论。对于那些密切关注乃至参与推动数字产业变革的学者专家、企业家、政府官员而言，本书不失为一本有价值的参考读物。

张平文

中国科学院院士、北京大学副校长

2021 年 6 月于北京

推荐语

当前，数字化发展已经成为各国构筑竞争新优势、抢占竞争新制高点的必争之地。数字化转型百问工作聚焦于我国数字化转型的经验总结和理论创新，《数字化转型百问（第一辑）》成果出版标志着数字化转型在实践探索和理论凝练上的阶段性进展。希望它能被更多业界人士看到，提供推进数字化转型的经验与思路。

——肖华（工业和信息化部电子科技委副主任委员、中国工程院战略咨询中心特聘专家、百问顾问组副组长）

数字化转型是两化融合的深化，是新时代信息产业发展的重要形态，将引发社会生产生活方式的巨大改变。目前，数字化转型还处在快速发展的进程中，尚未形成明确的路径和方法。数字化转型百问以现实问题为核心纽带，聚合数字化转型相关理论和实践资源，引导形成各方面的认知统一，这种开创性的内容组织方式和交流探讨模式，符合数字化转型现阶段需求，而且能够将企业在实践中获得的思想，方法和经验迅速传播分享，帮助企业在不断迭代中获取更好转型成效。希望数字化转型百问工作坚持协同发展的理念，加强对数字化转型的共性问题研究，积极开展相关的标准化工作，让百问成为社会各组织和企业思想的纽带、践行的工具、评价的基准。

——胡燕（工业和信息化部科技司原司长、百问顾问组副组长）

企业数字化转型的总体成效，决定了数字经济进一步深入发展所能达到的广度和深度。针对企业在推进数字化转型过程中普遍面临的共性问题和挑战，《数字化转型百问（第一辑）》从思想上进行了解答，分析了典型案例，提供了有代表性的解决方案，为从事数字化转型工作的人员提供了很有价值的参考。

——李颖（中国科学院大学应急管理科学与工程学院院长、工业和信息化部信息技术发展司原一级巡视员、百问顾问组副组长）

当前，数字化转型已经成为企业战略的重要核心任务之一，数字化转型百问工作旨在以问题为索引，普及转型知识，达成转型工作共识。大家经过数月努力，编写完成了《数字化转型百问（第一辑）》，并搭建了数字化转型百问在线社区。未来，希望百问工作探索出更加多元的表现形式，更大范围吸纳参与者，更多的融入到企业的各项业务中，更加深入的服务中国企业。

——朱卫列（国务院国资委国资监管信息化专家组副组长、中国华能原首席信息师、百问顾问组副组长）

数字化转型已经成为国家重要战略，也是企业发展的重要战略。但并非所有企业领导、中层干部、一线员工都真正清楚数字化转型的内涵、作用和方法路径。数字化转型百问工作以及第一辑成果的出版恰逢其时，对明晰企业数字化转型的核心理念、逻辑体系和实施路径，构建推进数字化转型共同话语体系大有裨益，值得细细品读。

——李德芳（中国石化管理干部学院书记、百问顾问组副组长）

对企业而言，数字化转型既是挑战又是机遇。成功实现数字化转型，既是企业重构核心竞争力的重要组成部分，也是检验企业可持续发展能力的试金石。本书从什么是数字化转型、为什么数字化转型、数字化转型干什么、数字化转型怎么干等方面，既给出了对数字化转型的系统性思考，也给出了很多值得深思的观点，此外还附了众多案例。相信这些探索会成为很多企业数字化转型路上的"他山之石"。

——孙迎新（中国电子规划科技部主任、百问顾问组副组长）

数字化转型是企业高质量发展、提高其核心竞争力，创建世界一流企业的关键路径。但是目前在企业内部对数字化转型最难攻克的就是认识问题，然而只有让大家了解到、认识到才能做好转型工作。

《数字化转型百问（第一辑）》是一本可以系统全面提升各方对数字化转型认识的优秀著作，它从三种不同层次去解答数字化转型问题，一是对高管、高层、决策层；二是对企业管理层；三是对执行者。本书在厘清概念的同时，也为大家启迪思路提供了方向。

——吴张建（中国电建信息化管理部主任、百问顾问组副组长）

数字化转型是一个重大历史机遇，是我国从传统粗放式发展模式转向高质量发展模式的一个重要基础，是区别新旧发展模式的一种分水岭、新版图。

相比目前数字化转型大部分的研究成果都是偏于技术领域、应用领域，本书有两个变化，一是上升研究层面，从专业领域的工作变成企业战略层面的工作；二是对象群体转变，不仅仅面向 IT 人员，更面向企业高管和决策者。百问不仅追求技术的严谨性，更重要的是它对理念、观念的深入解读，能够让非 IT 人员、高层人员一看就懂，其中探讨的诸多问题引人深思。

  ——李红（中钢国际货运有限公司执行董事、数字化转型研究专家、百问顾问组副组长）

目 录

三、数字化转型干什么？
——数字化转型的根本任务是价值体系重构

引　言

党中央、国务院高度重视数字化转型，《中华人民共和国国民经济和社会发展第十四个五年规划和 2035 年远景目标纲要》专章要求 "加快数字化发展　建设数字中国"。应有关各方需求，点亮智库·中信联联合有关单位成立联合工作组，共同开展 "数字化转型百问"（以下简称 "百问"）工作，致力于以问题为牵引，通过共建、共创、共享社会化交流平台，集众智，汇众力，促进转型工作共识，提升转型工作合力。

为更加系统化、体系化推进百问工作，参考 T/AIITRE 10001《数字化转型　参考架构》，联合工作组率先从总体认识、战略布局、能力建设、技术应用、管理变革、业务转型、数据要素、安全可靠等八个方面（知识域）分类开展百问讨论，每个方面又分为多个工作组（知识子域），构建形成总分结合的百问工作体系，如图 1 所示。随着数字化转型持续推进，百问工作体系将不断迭代、扩展和完善。

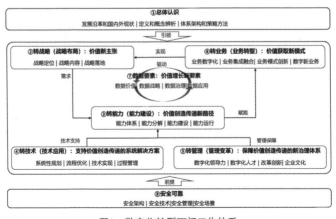

图1　数字化转型百问工作体系

　　为进一步提升百问工作社会参与度，更好地发挥百问工作成效，联合工作组将依托点亮百问·数字化转型在线社区（baiwen.dlttx.cn），支持大范围开放讨论、评论和投票。同时，还将组织开展会议、沙龙、培训、案例分享等线下活动，动态发布《数字化转型百问（第一辑）》工具书等系列成果。

　　在大家共同努力下，《数字化转型百问（第一辑）》从什么是数字化转型、为什么数字化转型、数字化转型干什么、数字化转型怎么干等方面，探讨了 46 个问题（Q，Question），并针对每个问题给出相应解答（A，Answer）、说明（Note）、相关案例（Case）和解决方案（Solution）等，以抛砖引玉，带动更广泛、更深入的数字化转型大讨论。

一、什么是数字化转型？

——数字化转型的核心要义是发展方式的转变

Q1： 数字化发展主要经历了哪几次概念变迁？

A数字化发展主要经历的概念变迁包括：数字转换（digitization）、数字化（digitalization）、数字化转型（digital transformation）等。在电子数字计算机出现后不久，数字转换（1954年）和数字化（1959年）就相继出现了。数字转换，也有人称之为计算机化，是指利用数字技术将信息由模拟格式转化为数字格式的过程。数字化是指数字技术应用到业务流程中并帮助企业（组织）实现管理优化的过程，主要聚焦于数字技术对业务流程的集成优化和提升。数字化转型最早在2012年由国际商业机器公司（IBM）提出，强调了应用数字技术重塑客户价值主张和增强客户交互与协作。我国政府自2017年以来已经连续四年将"数字经济"写入政府工作报告，并在"十四五"规划纲要中提出"以数字化转型整体驱动生产方式、生活方式和治理方式变革"，数字化转型从企业（组织）层面上升为国家战略。

【Note】

20世纪四五十年代，以ENIAC、EDVAC为代表的电子数字计算机登上历史舞台并且大放异彩，人们开始把利用数字技术将信息由模拟格式转化为数字格式的这一过程称为数字转换。随着数字技术应用开始整合到业务流程中并帮助企业（组织）实现管理优化，数字化的概念也在1959年出现，但最开始时它与数字转换在含义上并未刻意区分。例如，在韦氏词典中，对于数字转换和数字化的解释都是"将某个事物转为数字格式的过程"（the process of converting something to digital form）。

在数字技术应用不断深化的过程中，尤其是经历了从 20 世纪 90 年代开始的互联网发展浪潮后，数字化的概念被大大扩展。数字化开始更多地与数字转换概念区分开来，数字化的含义从单点孤立的应用延伸到完整连贯的流程，更为强调数字技术对业务流程的集成优化和提升。不仅如此，人们意识到数字技术在经济发展和企业（组织）经营中的关键作用。IBM于 2012 年提出数字化转型的概念，强调了应用数字技术重塑客户价值主张和增强客户交互与协作。

【Case】

1. 数字转换：信息的模拟格式转换为数字格式

1953 年，通用电气公司（GE）面临全球 125 家分支机构超过 40 万雇员的薪资处理问题，而为其提供审计服务的安达信会计师事务所的管理咨询部（后发展为埃森哲）面对庞大的计算量，大胆引入当时仍不成熟的商用计算机成功完成项目。数字计算机替代了纸张和手工计算，实现了薪资数据的存储计算，提高了计算任务的效率、准确度，以及数据交换便捷性。

2. 数字化：ERP等企业管理软件成为主流

在企业（组织）内的生产要素和生产活动已被大量数字转换的基础上，企业（组织）开始谋求对整个生产运营管理活动进行优化提升，以 ERP（企业资源计划）等为代表的企业管理软件应运而生，支撑财务、采购、销售、制造、供应链、风险与合规等一系列业务流程贯通，实现业务流程间的数据流动和业务集成。以国家能源集团的数字化实践为例，集团构建以 ERP 系统为核心的智慧管理平台，包含人力资源、财务、物资、设备、电子商务、资金管理、销售管理、供应商管理等经营管控内容，可实时管理全集团约 4 万个细化到班组的组织机构、29.6 万名员工、39.9 万个合作供应商、2665 类所需物资，以及每年约 190 万个采购及销售订单量、1000 万笔财务凭证、300 万张合并报表等数据信息，业务互通、数据共享的数字化管理模式初步形成。

3. 数字化转型：发现数字世界新价值

马士基（Maersk）集团作为全球集装箱运输的"领头羊"，将其在集装箱物流领域占全球 1/7 的巨大业务体量的行业优势与数字化相结合，构建基于区块链的全球贸易数字化平台，实现货主、物流服务商、交易方和监管机构相关业务活动在线化，推动其从航运承运商全面转型为一站式全球综合物流服务商，逐步让全球贸易数字化平台成为未来全球集装箱物流界的"水电煤"，进而推动全球航运生态的数字化转型。

Q2：信息化是什么？
与数字化转型的关系是什么？

A 信息化一词最早是由日本学者梅棹忠夫（Tadao Umesao）在 20 世纪 60 年代提出的，我国在《2006—2020 年国家信息化发展战略》中将信息化定义为："信息化是充分利用信息技术，开发利用信息资源，促进信息交流和知识共享，提高经济增长质量，推动经济社会发展转型的历史进程。"信息化在很长一段时间内是我国开展信息技术应用的代名词，但广义信息化与工业化一样，本质上指的是工业化之后人类正在进入的新历史进程。信息化的内涵和外延随着信息技术的进步和应用深化还将不断延伸和拓展。

数字化发展主要经历了数字转换（digitization）、数字化（digitalization）、数字化转型（digital transformation）等概念变迁。数字化转型主要聚焦于应用数字技术重塑客户价值主张、增强客户交互与协作、构建业务新体系和发展新生态。数字技术是信息技术的重要组成部分，数字化发展是广义信息化历史进程的组成部分，因此，数字化转型是信息化发展到新历史进程的现阶段重点和关键性要求。

【Note】

日本学者梅棹忠夫（Tadao Umesao）在 20 世纪 60 年代提出信息化，并在 80 年代被转译到英文文献中。我国早在 1997 年就对信息化展开讨论，在首届全国信息化工作会议中将信息化和国家信息化定义为"信息化是指培育、发展以智能化工具为代表的新的生产力并使之造福于社会的历史过程。国家信息化就是在国家统一规划和组织下，在农业、工业、科学技术、国防及社会生活各个方面应用现代信息技术，深入开发广泛利用信息资源，加速实现国家现代化进程。"，并在 2006 年发布的《2006—2020 年国家信息化发展战略》中进一步扩充了信息化的定义："信息化是充分利用信息技术，开发利用信息资源，促进信息交流和知识共享，提高经济增长质量，推动经济社会发展转型的历史进程。"

Q3：两化融合是什么？

A 两化融合是信息化和工业化融合（integration of informatization and industrialization, III）的简称，是党中央、国务院立足我国国情，在工业化尚未完成的前提下抢抓信息化发展先机，推进信息化和工业化两大历史进程协调融合发展作出的战略部署，也是从党的十七大到十九大一以贯之的国家战略。长期实践表明，两化融合是新型工业化发展规律和中国国情相结合的科学之路、成功之路。

【Note】

工业化和信息化是人类社会发展的两大历史进程。工业化发展进程以技术为核心驱动要素，主要使命是实现物质产品的大规模生产和消费。信息化发展进程则主要以数据（信息、知识）为核心驱动要素，主要使命是实现信息和知识的大规模生产和消费。从全球范围来看，因基础和条件差异，不同国家的工业化、信息化发展历程不尽相同。总体来看，西方发达国家是在基本完成工业化后开始推进信息化的，信息化是在工业化成熟的基础上发展起来的，因此呈现出先工业化、后信息化的梯度发展格局。我国是在工业化未完成时就迎来了信息化发展浪潮，因此走的是一条工业化和信息化同步发展的新型道路。

推进两化融合是党中央、国务院立足我国国情，作出的一项长期性、战略性部署。我国在新中国成立后提出要实现工业化，赶超发达国家。改革开放后，面临发达国家正在实现信息化的新形势，我国是继续先实现工业化、再实现信息化，还是在实现工业化的同时推进信息化，这是一个重大战略决策问题。随着信息技术的飞速发展，社会各界日益认识到信息技术引领的时代潮流不可阻挡，必须在大力推进工业化的同时，同步推动信息化的发展，二者互为助力，加速经济社会发展。党的十五大首次将信息化提升到国家战略高度，党的十六大提出以信息化带动工业化、以工业化促进信息化，走新型工业化的道路，党的十七大正式提出大力推进信息化和工业化融合，党的十八大又进一步提出推进信息化和工业化深度融合。习近平总书记多次强调要做好信息化和工业化深度融合这篇大文章。党的十九大报告进一步提出加快建设制造强国，加快发展先进制造业，推动互联网、大数据、人工智能和实体经济深度融合。这是以习近平同志为核心的党中央立足建设现代化经济体系、实现经济高质量发展作出的重大战略部署，与党的十七大提出的两化融合、党的十八大提出的两化深度融合一脉相承，是新时代背景下两化融合的新目标、新内容、新要求，标志着两化融合迈入新阶段。

在全球产业进入存量竞争的时代背景下，我国探索的两化融合是一条基于中国特色、中国实践开辟出来的经济增量发展新路径，是一条发达国家纷纷实施"再工业化"战略条件下，发展中国家抢占国际竞争制高点的可行路径，也是一条在全球资源、能源、环境约束日益刚性的前提下，实现可持续发展的创新路径。

Q4: 数字化转型是什么?

A1 数字化转型的核心要义是要将适应物质经济的发展方式转变为适应数字经济的发展方式。习近平总书记在 2014 年国际工程科技大会上的主旨演讲中指出:"未来几十年,新一轮科技革命和产业变革将同人类社会发展形成历史性交汇……信息技术成为率先渗透到经济社会生活各领域的先导技术,将促进以物质生产、物质服务为主的经济发展模式向以信息生产、信息服务为主的经济发展模式转变,世界正在进入以信息产业为主导的新经济发展时期。"

A2 T/AIITRE 10001《数字化转型 参考架构》将数字化转型定义为:"数字化转型是深化应用新一代信息技术,激发数据要素创新驱动潜能,打造提升数字时代生存和发展的新型能力,加速业务优化、创新与重构,创造、传递并获取新价值,实现转型升级和创新发展的过程。"

Q5：企业数字化转型与传统的企业信息化区别是什么？

A企业数字化转型是以企业转型升级和创新发展为主要目标，主要侧重于以数字技术为引领打造数字新能力，推动传统业务创新变革，构建数字时代新商业模式，开辟数字经济新价值和发展新空间。而传统的企业信息化则是以业务管理的规范化和优化为主要目标，主要侧重于以数字技术为支撑优化提升其业务流程和企业管理。

【Note】

如 Q1 所述，数字化发展主要经历了数字转换（digitization）、数字化（digitalization）、数字化转型（digital transformation）。数字转换是指利用数字技术将信息由模拟格式转化为数字格式的过程。数字化是指数字技术应用到业务流程中并帮助企业实现管理优化的过程，主要聚焦于数字技术对业务流程的集成优化和提升。数字化转型主要聚焦于应用数字技术重塑客户价值主张、增强客户交互和协作、构建业务新体系和发展新生态。

传统的企业信息化主要涵盖企业数字转换和数字化发展阶段，如图 2 所示；而企业数字化转型是在新一代信息技术赋能下，覆盖企业全要素、全过程、全员的系统性、体系性、生态化创新变革过程，其发展理念、战略目标、主要任务和推进策略等都与传统的企业信息化之间存在明显区别。

传统的企业信息化（数字转换、数字化）和企业数字化转型之间的具体差异可参考 Q1 中的案例。

图2 数字化发展相关概念与传统的企业信息化概念关系示意图

Q6：数字化转型与数字化、网络化、智能化的关系是什么？

A 数字化转型的核心要义是发展方式的转变，主要聚焦于推动传统业务体系创新变革，形成数字时代新商业模式，开辟数字化发展新空间，创造数字经济新价值。数字化转型主要发生在网络化、智能化发展阶段，是一个以数字化为基础，主要创新和变革伴随网络化、智能化不断演进的螺旋式发展过程。

【Note】

数字化、网络化、智能化等不同发展阶段的主要任务和方法路径存在不同要求，商业模式与转型价值成效也存在显著差异。"数字化"阶段主要聚焦于利用数字技术实现企业（组织）内部资源综合配置优化和业务流程集成优化。"网络化"阶段主要聚焦于通过人、机、物的开放互联，实现跨企业（组织）资源和能力的社会化动态共享和协同利用。"智能化"阶段主要聚焦于利用数字孪生、人工智能等实现全社会人与人、人与物、物与物的智能交互与赋能，支持全要素、全过程、全场景资源、能力和服务的按需精准供给。

"数字化"达到一定程度时，"网络化"发展才能够取得实质进展。资源和能力网络化连接达到足够的复杂度，自组织、智能决策的技术和产业投入回报价值才会进一步凸显，"智能化"才会步入全面发展的快车道。因此，一定程度的数字化是数字化转型的前提，而数字化转型主要发生在网络化、智能化发展阶段。数字化发展的相关概念与数字化、网络化、智能化的关系见图3。

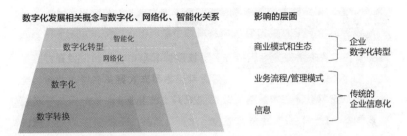

图3 数字化发展相关概念与数字化、网络化、智能化关系示意图

Q7：数字化转型给经济发展方式带来的最大变革是什么？

A 数字化转型给经济发展方式带来的最大变革是，经济增长的主导逻辑与方式将发生根本性转变，基于数字技术赋能作用获取多样化发展效率的范围经济发展方式将成为产业组织的主导逻辑，逐步取代基于工业技术专业分工取得规模化发展效率的规模经济发展方式。

【Note】

规模经济（economy of scale）一般是指通过扩大生产规模带来平均成本下降、效益增加的经济现象，其主要成因包括专业化分工、高效专用设备、大批量生产等因素。以物质经济为代表的规模经济，其发展方式的核心逻辑是以物理产品作为价值载体，本质追求是高效率、低成本，通过工业技术专业化分工，术业有专攻，不断降低技术难度，提升生产效率，实现规模化扩张，大幅降低单个产品的成本，从而在生产决定消费的价值链中获取竞争优势和规模化发展效益。

范围经济（economy of scope）则是针对关联产品（服务）生产而言的，通常是指企业通过扩大经营范围，增加产品（服务）种类，生产两种或两种以上的产品（服务）而引起的单位成本降低、经济效益提高的经济现象。范围经济的成因主要包括生产技术装备功能多样化、研发成果扩散效应、无形资产充分利用等因素。以数字经济为代表的范围经济，其发展方式的核心逻辑则是以数字内容服务作为主要价值载体，本质追求是创新创意、用户体验、高质量等，通过数字技术等新一代信息技术赋能，激活数据要素创新创造潜能，大幅降低专业服务的门槛和跨界融合的难度，支持按照用户需求动态、开放组织生产协同供给的多样化创新模式蓬勃发展，从而在需求决定供给的价值网络中获取竞争合作优势和多样化发展效益。

在物质经济时代，市场环境相对稳定，生产者在供需关系中占据主导位置，企业典型的发展方式是围绕特定物质产品形成稳定的业务体系，并通过基于工业技术的专业化分工获取规模化发展效率，实现降低成本、提高利润、获取效益增长。钢铁、汽车、轻工、建材等众多行业均具有典型的规模经济效应。在市场需求相对充足的条件下，规模经济具有很大优势，产品（服务）单位成本通过扩大生产规模，可以达到非常低的水平。

但随着竞争的加剧，市场将加速从增量阶段步入存量阶段，企业需要开辟新的价值空间才能实现持续发展。进入数字经济时代，数字生产力、价值共创共享生态关系成为变革新趋势，日益显现出强大的增长动力。为了应对愈加复杂的不确定性环境，数字时代的范围经济发展方式逐步成为产业组织的主导逻辑。越来越多的企业，通过运用数字技术，激活数据要素潜能，打造平台化生态，强化用户连接与交互，加快发展新产品、新技术、新模式、新业态，提高多样化发展效率，充分发挥用户及生态合作伙伴连接带来的"长尾效应"，不断创造增量价值，开辟新的价值空间。工业领域发展个性化定制、网络化协同、服务型制造、全生命周期管理、电子商务、共享经济等新模式新业态，都是追求范围经济的表现。此外，互联网产业、数字文化创意产业等均具有典型范围经济性。

Q8：数字化转型的关键驱动要素是什么？

A农业经济时代，家庭是主要经济单元，资源汇聚的主导要素是土地，经验技能的承载、传播和使用主要靠劳动力。工业经济时代，尤其是其发展的中后期，支持大工业生产的企业是主要经济单元，资源汇聚的主导要素是资本，经验技能的承载、传播和使用主要靠技术。数字经济时代，响应不确定性需求形成的动态、开放组织生态以及相关的个人或团队是主要经济单元，数据成为资源汇聚的主导要素，经验技能（尤其是不确定性部分）的承载、传播和使用主要靠人工智能。数据要素不仅可以直接转化为现实生产力，而且能够放大其他生产要素的潜力，优化要素投入结构，是驱动数字化转型、实现全要素生产率提升的关键要素。

【Note】

　　2020 年 3 月 30 日发布的《中共中央　国务院关于构建更加完善的要素市场化配置体制机制的意见》明确将数据作为新型生产要素，列为比肩土地、劳动力、资本、技术之外的"第五要素"。

　　从农业经济、工业经济再到数字经济历次转型的典型历史事件中我们可以看到关键驱动要素的变迁。第一次工业革命的典型历史事件是圈地运动，充分说明了农民对土地要素的严重依赖，以及资本主义国家对土地生产要素的疯狂掠夺。第二次工业革命的典型历史事件是德国科技制度创新和美国福特生产模式，以德国、美国等为代表的国家构建了完善、专业的技术创新体系，积累了大量的科技人才。第三次工业革命的典型历史事件是纳斯达克助力科技企业腾飞,纳斯达克资本市场以及风险资本投资等一系列金融资本与产业的无缝对接模式,成为美国经济快速发展的核心驱动力。进入数字经济时代,已经出现了一些典型事件,如以互联网公司为代表的数字经济体迅速崛起,数字货币作为传统金融体系的替代品出现,数据主权、跨境数据流动成为国际政治的新议题等,都说明数据已经成为驱动转型的关键要素。

从企业层面来说,我国企业也经历了几次大转型(图4)。第一次转型的触发点是我国改革开放和加入世界贸易组织(WTO),我国企业从资源垄断经营转向开放市场竞争,土地、劳动力等要素纷纷投向高增长性业务,产业逐渐实现规模化发展。第二次转型的触发点是深度参与经济全球化竞争,依靠全球性资本投入以及科学技术的引进、消化和再创新,形成具有较强市场竞争力的核心业务,产业规模化和核心竞争力逐渐增强。当前这一轮转型的触发点是我国强国建设和国际形势深刻变化,依托数据要素强流动性和传播零边际成本,能够有效打通产业链供应链,加速产业数字化转型发展,培育壮大数字新业务,构建生态化发展模式,重构和定义产业发展新规则,实现换道超车。

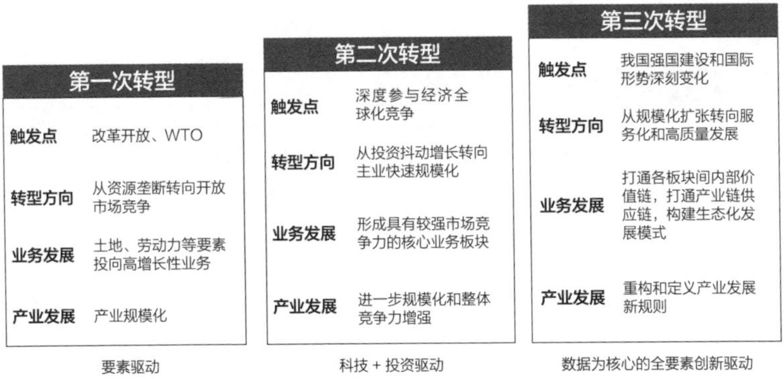

图4　我国企业转型历程及驱动要素变迁

Q9: 数字化转型的阶段特征及成功标志是什么？

A 根据数字化发展演进规律、数字能力建设和数据要素作用发挥的层级，企业（组织）数字化发展（转型）由低到高大致将经历五个发展阶段（如图5所示），分别为规范级、场景级、领域级、平台级和生态级。数字化转型成功标志是成为数字企业（组织）或平台企业（组织），即达到领域级或平台级阶段。其中，领域级主要是指在企业（组织）主营业务范围内，通过企业（组织）级数字化和传感网级网络化，以知识为驱动，实现主营业务领域关键业务集成融合、动态协同和一体化运行，打造形成数字企业。平台级是指在整个企业（组织）以及企业（组织）之间，通过平台级数字化和产业互联网级网络化，以数据驱动型为主，开展跨企业网络化协同和社会化协作，实现以数据为驱动的业务模式创新，打造形成平台企业。

【Note】

规范级：企业（组织）运行以职能驱动为主，规范开展数字技术应用，提升企业主营业务范围内的关键业务活动运行规范性和效率。

场景级：企业（组织）运行以技术使能型为主，实现主营业务范围内关键业务活动数字化、场景化和柔性化运行，打造形成关键业务数字场景

领域级：企业（组织）运行以知识驱动型为主，在主营业务范围内，通过企业（组织）级数字化和传感网级网络化，以知识为驱动实现主营业务领域关键业务集成融合、动态协同和一体化运行，打造形成数字企业。

平台级：企业（组织）运行以数据驱动为主，整个企业（组织）以及企业（组织）之间，通过平台级数字化和产业互联网级网络化，基于主要或关键业务在线化运行和核心能力模块化封装和共享应用等，开展跨企业网络化协同和社会化协作，实现以数据为驱动的网络化协同、服务化延伸、个性化定制等业务模式创新，打造形成平台企业。

生态级：企业（组织）运行以智能驱动为主，通过生态级数字化和泛在物联网级网络化，推动与生态合作伙伴间资源、业务、能力等要素的开放共享，提升生态圈价值智能化创造能力和资源综合利用水平，形成了以数字业务为核心的新型业态，打造形成生态企业。

数字化转型成功的标志是成为数据驱动型企业（组织），即达到平台级阶段，具体来说有以下五个方面要求：

战略方面。打造基于大数据平台的内外部资源动态匹配、业务按需协同和智能产品群、产品全生命周期、产品全价值链等多维服务按需提供的业务场景，构建和形成基于平台级能力的价值网络多样化创新模式，获取价值链/产业链整体的成本、效率、质量、产品和服务创新、用户连接与赋能等方面的价值效益和竞争合作优势，通过满足用户个性化、全周期、全维度需求扩大价值创造空间。

能力方面。完成支持企业（组织）以及企业（组织）之间柔性运转、全

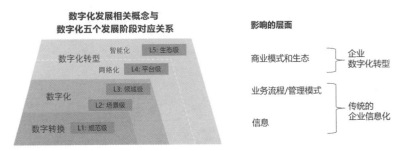

图5　数字化发展相关概念与数字化五个发展阶段对应关系

局优化的平台级能力的建设，实现能力的数字化模型化、模块化和平台化，能够在整个企业（组织）范围内乃至企业（组织）之间进行按需共享和应用。

技术方面。建设支撑数据驱动型企业（组织）的系统集成架构，业务基础资源和能力实现平台化部署，支持按需调用，OT 网络与 IT 网络实现协议互通和网络互联，基于企业（组织）内以及企业（组织）之间全要素、全过程数据在线自动采集、交换和动态集成共享，建设和应用企业（组织）级数字孪生模型。

管理方面。管理方式为数据驱动型，实现覆盖整个企业（组织）以及企业（组织）之间的自组织管理。建立企业（组织）级数字化治理领导机制和协调机制，形成数据驱动型的企业（组织）治理体系，实现数据、技术、流程和组织等四要素的平台化协同、动态优化和互动创新。

业务方面。基于主要或关键业务在线化运行、核心能力模块化封装和共享应用等，实现网络化协同、服务化延伸、个性化定制等业务模式创新。

Q10：数字能力是什么？

数字经济时代，企业（组织）为应对内外部环境和条件的快速变化，所开展的创新变革活动不仅仅是数字技术的引入，也不仅仅是流程再造和组织管理优化，而是要通过整合所有相关的资源和条件，将其转化为可响应不确定性的新型能力，并以新型能力赋能商业模式创新，构建业务新体系，形成发展新生态。数字能力就是数字经济时代企业（组织）的新型能力，也是数字化生存和发展的能力，是企业（组织）深化应用数字技术，灵活配置与整合内外部资源和条件，加速创新转型，不断创造新价值的综合素养。不能将数字能力简单理解为企业（组织）能力体系的一个组成部分，而是运用数字技术对企业（组织）能力进行改造、提升乃至重构，所形成的新型能力。伴随着数字化转型的深入推进，未来企业（组织）的能力都将转变为数字能力，企业（组织）能力体系也将演变升级为数字能力体系。

【Note】

为有效破解企业数字化转型难题，国际国内知名机构都在积极关注和探索新型能力建设。高德纳（Gartner）公司作为 ERP 概念的提出者，于 2019 年提出了企业业务能力（enterprise business capability，EBC）的概念，并预测："到 2023 年，将有 40% 的大型企业使用 EBC 战略"，未来将从 ERP 走向 EBC。国际知名架构组织 the Open Group 2018 年发布的《The TOGAF® Standard, Version 9.2》中明确提出业务能力

（business capability）的概念，认为定义业务能力和能力模型是实现转型发展的有效方法。从关注业务转向关注能力转变，将是企业（组织）获取数字经济时代竞争合作新优势的关键策略。

通过对两化融合管理体系贯标企业打造的 10 000 余项能力进行分析发现，我国企业关注的能力内涵发生了很大的变化，企业核心能力体系不断变迁。例如，研发创新方面更加关注基于客户需求的快速定制研发能力、研发设计制造服务一体化能力以及在线异地协同研发能力等，运营管控方面更加关注基于用户订单的柔性生产能力、资源共享和协同运营能力等，用户服务方面更加关注远程诊断与服务能力、客户互动与敏捷服务能力、全生命周期全场景服务能力等。

Q11: "中台"是什么?

A "中台"概念提出以来,出现了"数据中台""技术中台""业务中台"等不同提法,但是主要都在为技术人员,尤其是内部技术人员所用,中台的社会化赋能作用尚未充分发挥。究其本质,中台应是一个能力平台,利用新一代信息技术实现能力的数字化、模块化和平台化,向下赋能企业(组织)内外部资源按需配置,向上赋能以用户体验为中心的业务轻量化、协同化、社会化发展,大幅降低业务活动的专业门槛,推动业务活动"傻瓜化",支持服务按需供给,推动企业(组织)快速低成本地开展多样化创新,提升应对不确定性的自适应能力和水平。

【Note】

罗兰·贝格(Roland Berger)将中台定义为两类:业务中台和数据中台。业务中台的本质是为了更好地固化及沉淀企业(组织)的核心能力,并以中台集群的方式为核心竞争能力的优化与进化赋能。数据中台的本质在于数据的整合、共享及深度分析,为前台的决策赋能。但过于细分中台概念,把中台与业务和技术过于绑定,无益于推动中台作为能力平台的社会化应用,不如进一步解耦能力与业务,通过推动数字能力建设和平台化应用,为企业(组织)内外部业务人员以及相关人员赋能,既可推动传统业务优化,亦可支持业务创新和变革。

1. 中台能做什么

　　传统信息化建设思路是针对某个具体业务，开发对应的软件系统，并借软件系统将流程固化下来，这意味着系统对业务的支持将滞后于实际需求变化，甚至限制了业务转变。随着市场环境变化，消费者需求日渐多元，这种孤立分割的建设思路愈发成为企业（组织）快速响应和创新的阻碍。中台通过将企业（组织）核心竞争力抽象和固化，使其脱离某个固定的流程或场景，能够灵活调用，充分地支持业务服务轻量化、协同化、社会化发展和按需供给。同时，能力与具体业务解耦后可以减少重复建设，并不受业务场景限制，可更有效地进行迭代优化，促进企业（组织）内外部资源按需配置，最终实现赋能企业（组织）快速低成本地开展多样化创新的效果。

2. 谁做了中台，效果怎样

　　从知名芬兰游戏公司超级细胞（Supercell）的案例中我们可以一窥中台如何有效支持企业（组织）进行创新。游戏开发是一项充满不确定性的复杂任务，为了缩短游戏开发周期，快速找到市场机会并获得成功，Supercell 设置了精干、小规模且数量众多的游戏开发团队，从而尽可能在短时间内对多个方向进行尝试。为此，Supercell 建立了强大的技术平台来支持其游戏开发业务。由于轻量化的开发团队规模小而数量多，因而不可能给每个团队配置完整独立的技术团队和系统工具。又因为开发周期短，需要及时响应每个团队的需求。这些因素使得 Supercell 技术平台必须将各游戏开发团队的共性需求统一抽象出来，针对这些共性建设能力模块，以平台化的方式提供给各团队使用。

　　自 2010 年成立起，Supercell 已经发布了 5 款全球热门游戏，业绩超过了大部分游戏公司。2019 年，Supercell 的总收入为 15.6 亿美元，和全球游戏巨头育碧娱乐软件公司（Ubisoft Entertainment）基本持平，且后者员工数量近 15 000 人，而 Supercell 的员工只有 323 人，这意味着 Supercell 的年人均产值达到了 178 万美元。让员工都能够专注于工作中最核心的内容，而将重复的复杂工作隐藏在后端，这正是中台理念的源头。

另一个广受关注的中台实践是阿里巴巴集团的中台建设，这里只举其数据中台实践。在阿里巴巴的业务快速增长时，产生的海量数据也对其数据存储产生了巨大压力。在此背景下，阿里巴巴于 2012 年建立了淘宝消费者信息库，把淘宝、天猫、1688、高德等多个业务线的用户数据实现了全贯通。通过对大量多维度数据的利用，阿里巴巴获得了丰厚的收益，例如依靠数据的自动化投放策略，广告业务收入提升了数倍。在认识到中台带来的成效后，2015 年 12 月 7 日，时任阿里巴巴集团首席执行官（CEO）的张勇通过一封内部信正式提出了"中台"战略。

3. 如何建设中台，中台建设的条件

尽管中台展示出了无可争辩的效用，但不是所有企业（组织）都适合中台。根据中台的特点，我们可以发现企业（组织）建设中台往往需要有以下基础：

（1）有足够系统建设积累。中台建设对系统架构设计和工程开发能力提出了更高的挑战，没有足够的信息系统建设经验难以胜任，在没有学会标准动作前贸然尝试变化和创新反而会面临更大风险。

（2）有共性业务需求。在 Supercell 和阿里巴巴的案例中都可看到，中台重要的作用是减少数字化重复建设，消除冗余投入，倘若企业（组织）业务线简单，并无重复建设情况，就不必把问题复杂化进行中台建设。

（3）有中台运营能力。中台的一大优势在于加快能力不断沉淀和迭代优化，这意味着中台需要与业务一起不断变化和更新。如果企业（组织）不具备对中台实现持续运营的能力，则中台也将无法发挥效果。

中台和其他的工具一样，都是为了实现企业（组织）的实际需要而发展出的应用，并不是保证企业（组织）竞争力和增长的万能药。实际上，提出

中台战略的阿里巴巴 CEO 张勇也在 2020 年 12 月表示要将中台变薄，因为"尽管阿里有很强的中台，有很多现成的基础资源，但对于还处在起步阶段的业务，去找中台要资源，效率不够高"。处在业务高速发展阶段的企业（组织），面对更大的不确定性，更注重于颠覆式创新，找到和抽象出共性能力的难度更大，对能力重复建设的容忍度也较高。可见中台建设与否与组织所处的阶段也息息相关，要真正建好和用好中台，需要企业（组织）全面构建起"以价值为导向、以能力为主线、以数据为驱动"的数字化转型运营体系，构建起能够独立运转的能力单元，让中台真正发挥出作为"作战体系中枢"的作用。

二、为什么数字化转型？
——抢抓新一代信息技术引发的产业变革机遇，实现换道超车

Q12：数字化转型为什么是一场产业革命，而不仅是技术革命？

A 数字化转型的核心关键是新一代信息技术革命引发的产业革命，而不仅仅是技术革命本身。从历次产业革命的发展来看，出现颠覆式的新科技革命，是产业革命爆发的起源，但只有在技术、资本、人才、应用、市场、政策等诸多要素协调作用下，产业体系才会不断解耦、融合和重构，才能深刻改变生产方式、组织模式和价值体系，最终触发产业革命，才可为经济社会开辟新的发展空间，产生更大、更深远的影响。当前，以新一代信息技术为代表的技术革命带来了数字化转型的重大机遇，但谁能抓住数字化转型的机遇，率先完成产业革命，重新定义产业发展方式、规则和秩序，谁才能抢占新一轮产业竞争的战略制高点。

【Note】

如图 6 所示，第一次工业革命，蒸汽机技术出现是主要标志，但产生更深远影响的产业革命里程碑是工厂制代替手工作坊制。第二次工业革命，电气技术出现是主要标志，但产生更深远影响的产业革命里程碑是基于专业分工的大规模生产模式崛起。第三次工业革命，信息通信技术、新材料技术、生物技术等出现是主要标志，但产生更深远影响的产业革命里程碑是高技术产业成为主导产业并全面融入传统产业，加速形成了经济全球化格局。当前，全球科技创新进入空前密集的活跃时期，新一代信息技术呈群体性爆发式发展，与传统产业深度融合，正在引发新一轮数字生产力和生产关系变革，正在并必将全面推动传统产业体系加速实现系统性创新和重构。

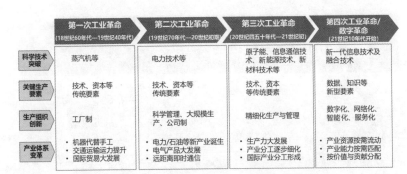

图6 产业革命发展历程及特征

Q13: 产业体系为什么要从纵向封闭结构 向横向层次化结构演变?

A 基于能力平台, 向下赋能产业资源按需配置, 向上赋能以用户体验为中心的业务生态化发展, 提升应对不确定性的自适应能力和水平, 是数字经济时代发展的必然要求。以物质经济为代表的规模经济时代, 基于企业(组织)、产业等边界构建的基础设施(资源)、业务能力和业务活动这一纵向封闭结构必将被打破。以数字经济为代表的范围经济时代, 新型基础设施(资源)、能力平台、业务生态解耦后, 将实现在产业内、甚至跨产业分层整合和协同发展, 逐步构建形成新型基础设施(资源)共享化、能力平台化、业务生态化分层发展的新型产业结构。

【Note】

数字化转型是一个系统性创新的过程, 为应对快速变化的市场环境以及转型创新引发的高度不确定性, 新型基础设施(资源)共享化、能力平台化、业务生态化分层发展成为必然。

一是新型基础设施(资源)共享化。伴随市场环境的快速变化, 企业(组织)需要调度和配置的新型基础设施(资源)也不断扩展并动态调整, 重资源投入越来越不符合数字经济的发展范式, 将很难通过长周期运营回收成本, 因此通过资产、人员、资金等资源数字化和数据资源建设, 并依托数字能力进行按需调用, 实现全企业(组织)、全行业乃至全社会的资源动态配置与共享, 其重要性和必要性日益凸显。

二是能力平台化。企业（组织）在长期规模经济发展方式下，基于技术壁垒构筑了"烟囱"式的纵向封闭式体系，业务与能力无法分割，专业能力只能支持某种特定业务，造成业务模式固化，很难改变。通过推动能力的模块化、数字化和平台化，能够支持各类业务按需调用和灵活使用能力，大幅提高能力对应价值点的重复获取，实现价值增值。

三是业务生态化。基于能力平台支持企业（组织）内、企业（组织）间以及全社会的业务合作，能够推动企业（组织）按需组织生产服务、按需确定合作伙伴、按需提供个性服务，构建开放价值生态。

【Case】

1. 新型基础设施（资源）共享化

阿里云、腾讯云、华为云等 IT 计算和存储资源共享，菜鸟云仓、共享充电桩等设施资源共享，灵活用工、双创等人才资源共享以及大数据中心等数据资源共享。

2. 能力平台化

小米科技有限责任公司依托 IoT 平台打造连接家与未来的物联网生态链，赋能产业上下游协同发展；海尔集团公司打造全产业全要素创业平台，开放用户、产业链、工厂等资源，赋能小微企业和创客开展创新创业；北京字节跳动科技有限公司基于内容创作能力平台，赋能用户围绕内容开展价值合作等。

3. 业务生态化

基于小米能力平台，构建"硬件 + 新零售 + 互联网"智能家居生态；基本海尔能力平台，打造"众创—众包—众扶—众筹"智慧生活产业生态圈；基于抖音能力平台，形成内容营销创新商业新生态等。

Q14: 数字化转型为什么应该作为企业核心战略?

当前,顺应世界百年未有之大变局和中华民族伟大复兴战略全局,把握新一代信息技术引发的产业革命窗口期,加速产业数字化转型,重构产业竞争新格局,实现换道超车是千载难逢的重大机遇,是大势所趋。只有顺应世界产业革命大势,与国家数字化发展战略同频共振,应势而动,顺势而为,将数字化转型作为企业(组织)核心战略,构建数字时代新商业模式,开辟数字经济增量发展新空间,才能更快更好地实现高质量可持续发展。同时,数字化转型也是加速高质量发展的核心路径,通过发挥数据要素的创新潜能,打造数字新能力,能够有力地推动从需求侧管理转向供给侧结构性改革,从规模速度型转向质量效益型,从要素驱动、投资驱动转向创新驱动,以及推动新一轮高水平对外开放等战略执行落地。

【Note】

企业发展战略重点应该随着国际国内产业变革趋势和国家重大战略导向而确定,世界百年未有之大变局和中华民族伟大复兴战略全局是我国企业转型发展面临的宏阔时代背景,要求企业紧抓新一代信息技术带来的产业变革历史性机遇,走出一条从跟跑到并跑、领跑的新发展路径,提高应对复杂性和不确定性的能力,顺应并主动把握数字经济变革引发的颠覆式创新。

一是由需求侧管理转向供给侧结构性改革。习近平总书记指出:"供给侧结构性改革,重点是……减少无效和低端供给,扩大有效和中高端供给,增强供给结构对需求变化的适应性和灵活性,提高全要素生产率。"对于企业而言,就要找准在全球供给市场上的定位,以更高价值的产品和服务供给,提升在供应链、产业链、价值链中的地位,培育竞争合作新优势。

数字时代的高价值产品和服务供给就是要从提升对需求变化的适应性和灵活性出发，利用数字技术以更快的技术创新迭代周期、差异性更大的定制化服务、更小的生产批量以及更快适应不可预知的供应链变更中断，提升企业核心竞争力，开辟发展新空间。

二是由规模速度型转向质量效益型。党的十九大指出我国经济已由高速增长阶段转向高质量发展阶段。对于企业来说，就是从"规模"要效益转向从"质量"要效益，原来从"规模"要效益的方式追求高效率、低成本的规模化，多样性会造成"规模效应递减"，追求创新和高质量总体上属于"不经济"的选项。而从"质量"要效益从根本上来说就是从"低成本传统优势"走向"价值增值新路线"，以数字技术提升多样化效率，开拓成本不敏感型范围经济新模式新业态，使得价值增长不再单纯依靠低成本、差异化，而是价值复用和倍增。

三是由要素驱动、投资驱动转向创新驱动。自改革开放以来，我国依靠要素和投资驱动了超过40年的高速发展，创新是我国从大国走向强国的源动力，按照熊彼特理论，创新就是将各种要素形成一种新的组合，带到生产体系中，变成实实在在的生产力。数字时代数据成为驱动转型创新的核心要素，数据不仅能转化为现实生产力，还能够充分激发现有资源要素潜力，促进资源在不同用途之间合理配置，使各类要素边际生产率达到最高，各类要素的边际报酬达到最高，实现各类生产要素投入产出效率最大化，为生产力提升带来持续强劲的动力来源。

四是推动新一轮高水平对外开放，形成中国方案中国路径。2020年8月，习近平总书记指出："对外开放是基本国策，我们要全面提高对外开放水平，建设更高水平开放型经济新体制，形成国际合作和竞争新优势。"在全球物质经济发展遇到天花板的情况下，对于我国企业而言，推进更高水平对外开放，关键在于利用我国推动产业数字化、数字产业化的综合优势，抓紧探索出一条数字经济增量发展的"中国模式"，为全球经济破除增长瓶颈，开辟发展新空间提供"中国方案"，更有力阐释"命运共同体"理念。

Q15：数字化转型能给企业带来哪些价值？

按照业务创新转型的方向和价值空间大小，数字化转型带来的价值可分为三个方面：生产运营优化、产品／服务创新和业态转变。一是生产运营优化，主要为基于传统存量业务，聚焦内部价值链开展价值创造和传递活动，通过传统产品规模化生产与交易，获取效率提升、成本降低、质量提高等方面价值效益；二是产品／服务创新，主要为拓展基于传统业务的延伸服务，沿产品／服务链开展价值创造和传递活动，通过产品／服务创新开辟业务增量发展空间，获取新技术／新产品、服务延伸与增值、主营业务增长等方面价值效益；三是业态转变，主要为发展壮大数字业务，依托与生态合作伙伴共建的开放价值生态网络开展价值创造和传递活动，获取用户／生态合作伙伴连接与赋能、数字新业务和绿色可持续等方面的价值效益。

【Note】

一是生产运营优化。该类价值效益相应的业务体系本身一般不会有本质性的转变，主要通过数字技术对传统存量业务的改造优化，提升传统产品的规模化生产与交易水平，进而实现效率提升、成本降低、质量提高等价值效益。通常，该类价值效益在企业（组织）关键业务数字化的基础上就能实现，相对容易获取，但由于门槛不高，容易进入存量竞争。

二是产品／服务创新。该类价值效益相应的业务体系仍然保持总体不大变，伴随着传统产品市场加速从增量走向存量，越来越多的企业加快运用数字技术，通过产品／服务创新，拓展基于传统业务的延伸服务、增值服务,进而获取增量发展空间。通常,企业(组织)在其关键业务均实现数字化的基础上,只有进一步沿着纵向管控、价值链和产品生命周期等维度,实现关键业务线的集成融合的情况下,才能更为顺利地获取新技术/新产品、服务延伸与增值、主营业务增长等产品/服务创新方面的价值效益。

三是业态转变。该类价值效益相应的业务体系通常会发生颠覆式创新,主要专注于发展壮大数字业务,形成符合数字经济规律的新型业务体系,价值创造和传递活动由线性关联的价值链、组织(企业)内部价值网络转变为开放价值生态。该类价值效益获取难度大,通常只有真正转型成功,突破数字化转型网络级阶段,构建起数字企业(组织),才能更为顺利地获取业务转变带来的巨大新价值空间。

【Solution】

华为——智慧机场解决方案

痛点问题:我国机场旅客吞吐量基本保持 10% 以上的年增长,国际机场协会(ACI)预计到 2040 年,中国航空客运量将达到 40 亿人次,占全球 19%。在机场服务资源有限的情况下,迫切需要运用数字技术,加速机场智能升级,提升运营效率,创新用户服务和体验,保证机流、人流、货流安全,促进高质量发展。

解决方案:深圳机场集团与华为基于"平台+生态"的理念,运用多种关键数字技术构建"未来机场数字化平台",推进智慧机场建设(如图 7 所示)。一是绘制运行一张图,让运行更顺畅。对各运行环节进行数字化改造,打造机场运控"智能中枢",实现机坪管制、空管塔台、运行指挥等的高效协同。通过机位资源智能分配,使机场每天 1000 余架次航班可在 1 分钟内完成机位分配,每年有上百万旅客不再需要通过摆渡车登机。通过地服系统、保障节点采集系统、机场协同决策系统(A-CDM)等系统有效联动,

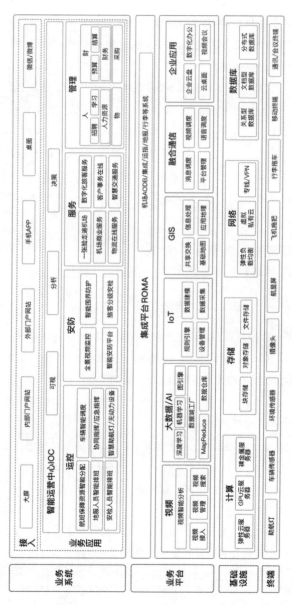

图7 华为智慧机场解决方案架构

利用大数据精确预测航班延误。二是编制安全一张网，让安全更可靠。通过模块化安防专用数据机房、大容量的安防云存储、数字化高清视频改造，建成智能安防管控系统，形成统一监管、分级监控的整体安全管控体系。如基于视频拼接及 3D 融合等技术，通过视频智能分析平台，实现安全隐患的主动预测；飞行区围界系统智能告警秒级联动；航站楼离港平台车流统计分析准确率达到 95% 以上，公共区道路实现 7×24 小时不间断自动巡视。三是打造服务一条线，让服务更便捷。通过全链条数字化改造，推进全流程无感自助服务，实现刷脸自助安检验证、行李全流程跟踪、"五合一"通关、智能交通精准推动等服务创新，国内登机口自助设备覆盖率 100%，自助值机比例超过 80%，安检通行效率提升 60%。

取得成效：机场运营效率和旅客服务创新能力大幅提升，2020 年，深圳机场旅客吞吐量进入全球前五，航班起降位列全国第三；货运业务首次进入全球前二十，平均航班放行正常率超过 92%，创下连续 29 个月航班放行正常率超 80% 的纪录；民航电子临时乘机证明推广至全国 234 个民用机场，机位资源智能分配项目被国际航空运输协会发布并推广。

Q16：数字化转型能给企业生产运营优化带来哪些价值？

A 在生产运营优化方面，数字化转型可带来的价值效益主要体现为效率提升、成本降低、质量提高等方面。

效率提升。企业（组织）通过数字化转型，一方面，可以推动数据流动，减少信息不对称，提高资源优化配置效率，使得进一步细化分工成为可能，提高规模化效率，提升单位时间内价值产出；另一方面，通过应用新一代信息技术，实现用户个性化需求的快速响应，增强个性化定制能力，以信息技术赋能多样化效率提升，提高单位用户的价值产出等。

成本降低。企业（组织）通过数字化转型，推动产品创新从试验验证到模拟择优，降低创新试错和研发成本；加强人、机、料、法、环等生产要素的优化配置和动态优化，降低单位产品的生产成本；提高资源配置效率，减少由于人、财、物等资源浪费和无效占用所带来的管理成本；优化交易的搜寻和达成过程，降低产品/服务的搜索成本和交易成本等。

质量提高。企业（组织）通过数字化转型，优化改进产品/服务设计、工艺（过程）设计等，提高产品和服务质量，稳定提供满足客户需求的产品和服务；实现生产/服务质量全过程在线动态监控和实时优化，提升质量稳定性，降低质量损失；实现对采购及供应商协作全过程在线动态监控和实时优化，提升供应链质量管理水平；实现（新一代）信息技术和质量管理深度融合，将质量管理由事后检验变为按需、动态、实时全面质量管理，全面提升质量管控和优化水平。

【Case】

　　成都飞机工业（集团）有限责任公司通过数字化转型逐步打造具有
"动态感知—实施分析—自主决策—精准执行"特征的智能化制造模式，
大幅提升生产效率，通过建设飞机大型结构数字化车间和飞机大部件智
能装配车间，装备利用率达到90%以上，加工效率提升30%，设备操
作人员减少67%。

【Solution】

1. 华龙讯达——木星工业互联网平台解决方案

　　痛点问题：某公司是国内锂电设备龙头企业，生产经营中存在一系列难
点，一是生产工艺复杂且工序繁多，生产设备整线管控范围大，缺乏支持
全过程集成式运营管理，企业整体生产运营效率不高；二是设备及生产过
程数据难以实时采集，大量数据未能得到合理高效利用，数据支撑决策、
驱动运营作用不明显；三是设备智能化水平不高，生产人员技能参差不齐，
导致均质生产能力和产品质量水平不稳定。

　　解决方案：通过应用木星工业互联网平台解决方案，搭建基于信息物
理系统（CPS）的锂电设备数字化运营管理工业互联网平台，用"数据驱动"
有效提升生产综合管理和企业运营体系的服务与监管能力，帮助该企业实
现锂电池生产智能化升级。首先，利用木星数据采集平台技术采集"人机
料法环"各类数据，并通过机器宝强大的边缘计算能力，对采集数据进行
预处理。在数据上云之前，按照预先设定的规则和算法，从数据综合应用
的角度，对采集的数据进行预判和评估，自动过滤无效或无意义数据，将
有价值的数据传输上云，提高物联网处理的效率。其次，为多维度全方位
管控锂电池从原辅料、参数、过程、工艺、质量、批次、在线、离线、人员、
状态等信息，优化生产管理，通过木星数据孪生技术对数据进行建模仿真

与大数据分析，实现在线预测、预警产品质量问题，以实时动态的方式反映生产进度状态、原材料消耗状态、设备运行状态、生产产能状态，以可视化报警的方式提示异常现象，为企业生产提供数据驱动基础，实现感知数据的实时分析和使用。最后，基于物联网和移动互联搭建的"人"和"物"全面互联，通过云计算和大数据实现无处不在的分析服务，支撑企业全面建立以数据为驱动的运营与管理模式，提高均质生产能力和产品质量水平，以数据驱动企业运营的管理决策优化，进一步扩大产品产能（如图8所示）。

取得成效：实现了对锂电池生产全过程的实时动态跟踪与回溯，挖掘生产过程数据隐藏的"改善源"及解决方案，实现流程自动化、少人化，工艺过程管控分析从结果导向逐步转向全过程管控，以及生产过程智能化升级，生产周期缩短26%、产量增加21%、产品良率提高17%、人员减少31%。

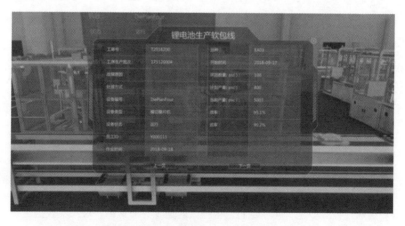

图8　基于CPS的锂电设备数字化运营管理工业互联网平台

2. 盘古信息——IMS数字化智能制造系统

痛点问题：某电子制造企业主要从事印制电路板（PCB）、汽车电子、机器人/智能设备、液晶模组及其他电子零配件等的生产制造业务，伴随着业务高速发展，生产过程面临一系列痛点难点，一是同时面对超过数百家客户和供应商，订单及物料标识规范及信息共享困难，在制品多，精准追溯和防错管理手段缺乏；二是人工管理产品工艺和计划排程，生产进度缺乏实时数据，生产调度难度高，交期难以保障；三是 SMT 贴片等生产线平均换线 8~10 次 / 天，生产效率低下，且极易用错物料；四是设备通信能力较低，人工确认程序，参数或数据采集，易错且效率低；五是人员管理、异常管理、标准作业管理等仍有很大的提升空间。

解决方案：通过应用盘古信息 IMS 数字化智能制造系统解决方案，一是通过 IOT 物联平台，实现设备通讯和管理，实时获取设备程序、参数等相关数据，进行有效防错、数据采集和异常管理等；二是通过门户打通供应链上下游的信息交互窗口，规范物料信息标识共享，针对生产组织模式进行 WMS 智能仓储管理，优化仓储管理流程，取消线边仓，提高入库、库内管理、配送、盘点等效率；三是通过基于交付节点的有限资源排程，进行 4M（人机物法）齐套分析并锁定，实时获取生产进度，取消车间中间仓，实现准时化拉动供料，并通过实时生产数据智能分析报表系统，为营运决策提供依据；四是制造执行系统（MES）自定义工艺路线和管控点，对生产过程中进行 4M 防错，实时监控生产状态，结合数据优化算法，提供最优智能转产方案；五是企业资源计划系统（ERP）、MES、WMS 等系统实现信息互联，将工单、产品、工艺、人员、设备、物料、质量、维修等信息等进行防错、绑定和关联，实现精准追溯和防呆；六是实现人员资质管理、上岗管理、绩效管理，设备点检、保养、备品备件管理，作业指导书统一编制、审核、下发及使用，异常报工及实时处理等功能（如图 9 所示）。

取得成效：一是缩短前置时间（LT），提高生产综合效率23%，全年新创产值近亿元；二是降低自购料库存30%，减少在制品近6000万元；三是优化70%共用料重复出入库等作业，降低计划管理工作量60%以上；四是通过流程优化和信息化手段，直接人力降低28%，节省人工成本1630万元/年。

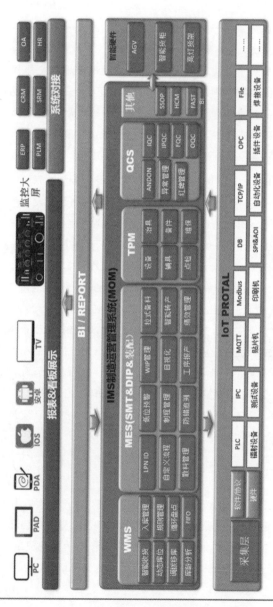

图9 IMS数字化智能制造系统解决方案架构

Q17： 数字化转型能给企业产品／服务创新带来哪些价值？

A 在产品／服务创新方面，数字化转型能带来的价值效益主要体现为新技术／新产品、服务延伸与增值、主营业务增长等方面。

新技术／新产品。一方面，通过新一代信息技术和产业技术融合创新，研制和应用新技术，开发和运营知识产权，创造新的市场机会和价值空间；另一方面通过催生具有感知、交互、决策、优化等功能的智能产品（群）和高体验产品或服务，提升用户体验，提高单位产品／服务的价值，开发智能产品群的生态价值。

服务延伸与增值。企业（组织）通过数字化转型，一方面，依托智能产品沿着产品／服务生命周期和供应链／产业链提供远程运维、健康管理、在线运营外包等延伸服务，将一次性产品／服务交付获取价值转变为多次服务交易获取价值；另一方面，扩展卖方信贷、总承包、全场景服务等基于原有产品的增值服务内容，提升产品市场竞争力和价值空间。

主营业务增长。企业（组织）通过数字化转型，一方面，推动主营业务效率提升，从依靠技术专业化分工提升规模化效率转变为依靠新一代信息技术赋能提升多样化效率，持续强化主营业务核心竞争力，实现主营业务增长；另一方面，推动主营业务模式创新，依托数据要素的可复制、可共享和无限供给属性，实现边际效益持续递增，在此基础上不断创新网络化协同、大规模个性化定制等业务模式，提升柔性适应市场变化的能力，逐步提高市场占有率，实现主营业务增长。

【 Case 】

工程机械行业通过采集、分析、挖掘设备数据信息，为客户提供一系列增值服务，持续提升客户体验、拓展价值空间。例如，卡特彼勒公司（Caterpillar）基于 Uptake 开发的设备联网和分析系统，采集设备的各类数据信息，联网监控，分析预测设备可能发生的故障，实现了300多万台运转设备的统一管控。徐工集团基于汉云工业互联网平台，为每一台设备做数字画像，将可能损坏的零部件进行提前更换，使设备故障率降低一半。

【 Solution 】

用友——YonBIP制造云设备后服务

痛点问题：某企业主要从事节能环保装备、交通运输装备、通信装备等生产制造业务，随着通用设备制造业竞争日趋激烈，亟须加快从单一的"卖产品"到集工程总承包、合同能源管理、服务托管等于一体的服务型制造模式转变，以实现企业可持续发展。

解决方案：依托用友 YonBIP 制造云设备后服务，基于公有云 SaaS 服务模式搭建起智慧运维管理平台（如图 10 所示），连接企业的管理者、服务点的服务工程师和客户等多个角色，以后服务市场为主要场景，以售出设备为主要管理对象，通过对现场安装交付、IoT 物联服务、运行数据监视、售后服务等实现设备的全方位闭环管理及数据沉淀，帮助企业提高服务质量、提升服务效率。一是通过安装服务，实现设备出厂后的发运，现场安装作业计划、安装工单全流程管理。二是通过 IoT 物联服务，将边缘侧的设备，通过有线或无线网络接入 IoT 云平台，提供稳定可靠的远程设备采集设，在线实时监测设备状态。三是通过售后服务，提供对售后服务的统一管理，实现在线报修、派工、接单、维修和验收的闭环服务；提供配件调拨管理、配件定价和配件更换管理；提供知识库、包括设备维修、保养、巡检的标准流程和规范，实现对设备实用知识、运维经验的沉淀利用。四是提供多种交互模式，管理者通过数字看板可概览全局，移动 App 便于服务人员随时记录服务过程，便捷的微信小程序方便客户及时上报，多方沟通顺畅。

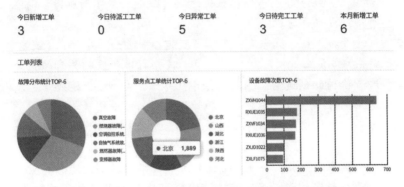

图10　基于用友YonBIP制造云设备后服务的智慧运维管理平台

取得成效：基于该解决方案实施，支撑以设备为中心的全生命周期服务创新，加速从"卖产品"向"卖服务"转型。依托智慧运维平台实现20 000 多台设备上云，覆盖全国 40 多个服务点和 450 多个服务工程师，日单量超过 60 张，工程师服务效率提升 30%，决策效率提升 10%，服务成本降低 10%，服务及时率提升 20%，打造形成"智能服务"新名片。

Q18: 数字化转型能给企业业态转变带来哪些价值？

A 在业态转变方面，数字化转型可带来的价值效益主要体现为用户/生态合作伙伴连接与赋能、数字新业务和绿色可持续发展等方面。

用户/生态合作伙伴连接与赋能。一方面，基于平台赋能，将用户、员工、供应商、经销商、服务商等利益相关者转化为增量价值的创造者，不断增强用户黏性，利用"长尾效应"满足用户的碎片化、个性化、场景化需求，创造增量价值；另一方面，依托价值网络外部性快速扩大价值空间边界，不断做大市场容量，实现价值持续增值以及价值效益的指数级增长。

数字新业务。企业（组织）通过数字化转型，能够将数字资源、数字知识、数字能力等进行模块化封装并转化为服务，实现内外部数据价值的开发和资产化运营，形成数据驱动的信息生产、信息服务新业态，将企业（组织）高技术投入生产产生的沉没成本转化为具有高边际收益的数字市场价值，不仅为企业（组织）带来可持续的增量价值，还能够全面盘活存量价值。

绿色可持续发展。企业（组织）通过数字化转型，将以物质经济为主的业务体系转变为以数字经济为主的业务体系，从依靠物质产品规模化转变为实现数据、信息、知识服务的个性化和差异化，提升节能、环保、绿色、低碳管控水平，支持构建绿色可持续的数字产业生态，降低资源过度消耗，减少环境污染和生态损害，大幅提升资源利用率，推动形成绿色、低碳、可持续的发展方式。随着资源环境刚性约束日益增强，绿色可持续发展将成为全社会和用户关注的焦点，也成为企业（组织）优化、创新和重构价值体系的核心导向。

【Case】

海尔集团公司在数字化转型中全面推进"人单合一"模式，打造共创共赢生态圈，使得海尔集团公司从一家电子公司转变为一个创业平台，员工在与客户深度接触的过程中不断发现创业机会。目前，海尔集团公司创业平台聚集了超过 2400 多个创业项目、200 多个创业小微、3800 多个节点小微和 122 万个微店，已有超过 100 个小微年营收过亿元，为全社会超过 190 万人提供了工作机会。

【Solution】

数码大方——CAXA智能家居设计平台

痛点问题：某企业拥有国际化家居产品制造基地，以整体橱柜为龙头，带动相关产业发展，包括全屋定制、衣柜、卫浴、木门、墙饰壁纸、厨房电器、寝具等，形成了多元化产业格局。伴随着个性化、定制化需求日益突出，家居家装行业市场端、消费端和工厂端、设计端都发生了很大变化，导致该企业发展过程中在标准化和非标个性化之间难以平衡，出现设计难、成交难、报价难，设计与生产不统一，施工流程不可控等诸多问题，难以快速动态响应的市场需求。

解决方案：基于数码大方在研发设计领域具有成熟的产品、研发技术，以及成熟的工业云平台开发经验，该企业面向全产业链构建统一的 CAXA 智能家居设计平台（如图 11 所示）。一是支持智能设计。定制开发家居行业三维设计软件，整合和规范设计资源、产品谱系，形成方案模板，引入产品智能设计、方案优选等，提升设计效率。二是支持快速下单。通过交互体验、方案展示，吸引客户快速获得订单，并实现一键生成下单 CAD 图、以及与生产环节的数据对接。三是推进数据贯通。设计为制造提供准确数据，优化制造的业务流程，提升制造的质量和效率。基于 Web 的协同设计平台与 CAXA 协同管理平台对接，进行设计过程的审签、版本管理、文件浏览、零件分类管理等。

图11　CAXA智能家居设计平台应用

取得成效：一是依托平台广泛连接产业链上下游，在超过 5000 多个门店应用，每日在线工程师达 2 万多人，日均 3D 场景渲染达 10 万张，打通了橱衣木卫全品类设计制造，支持多个品牌和销售渠道。二是实现设计、销售、报价、出图、下单、后端审单、订单合同、生产对接和发货安装全流程贯通，降低门店人员的设计与报价经验门槛，显著提高销售和接单能力，门店设计师设计到下单总时间减半，技审时间下降到 70%，技审人数减少 50%，订单工艺错误下降 70%，整体运行效率提升 50% 以上，每年减少直接成本 2000 万元。

Q19：数据要素在企业转型中主要能发挥什么作用？

A1 数据要素在企业（组织）转型中主要发挥的作用有三个层次：一是作为信息媒介。通过构建信息网络推动基于数据的信息透明和对称，可提升企业（组织）综合集成水平，提高全社会资源的综合配置效率。二是作为价值媒介。随着区块链等技术的发展，数据也已成为一种新的价值媒介，基于数据的价值在线交换，形成数据驱动的信用体系和交换机制，大幅提升企业（组织）价值创造和传递能力，提高全社会资源的综合利用水平。三是作为创新媒介。用数据科学重新定义生产机理，数据模型成为知识经验和技能的新载体，尤其是以数据模型承载不确定性知识技能，通过模块化、数字化封装和平台化部署，支持社会化按需共享和利用，通过基于数据模型的自学习、跨界学习、网络化学习和生态化共创等，极大地提升创新能力，缩短创新周期，赋能新技术、新产品、新模式、新业态蓬勃发展，提高全社会资源的综合开发潜能。

【Case】

国家电网有限公司在电价持续降低、经营压力巨大的严峻形势下，深挖数据资源价值和潜力，以数字化改造提升传统业务、促进产业升级，开拓能源数字经济这一巨大蓝海市场。在数据基础建设方面，建立跨部门、跨专业、跨领域的一体化数据资源体系，强化数据分级分类管理，建立最小化的数据共享负面清单，推动数据规范授权、融汇贯通、灵活获取，实现"一次录入、共享应用"。挖掘数据信息媒介作用，在新型冠状肺炎疫情期间，首创"企业复工电力指数"，及时准确反映各行业复工复产情况，为各级政府科学决策提供数据支撑。挖掘数据价值媒介作用，积极拓展电力大数据征信服务，利用企业用电数据，积极开展信贷反欺诈、授信辅助、贷后预警等方面的数据分析与应用，破解金融机构对中小微企业"不敢贷""不愿贷"的难题，17家省公司及国网电商公司与金融机构签署战略合作协议，促成了935家中小微企业融资33.8亿元。挖掘数据创新媒介作用，依托能源工业云网，整合各类数据资源，通过共性数据、服务的抽象提炼，沉淀整合核心业务共性内容，支持业务运营和创新，工业云网建设实现39个核心应用落地，有效支撑各类设备的智能精益管理、源网荷储友好互动、订单拉动供应链协同、智能家居负荷调控等业务场景。

A2 数据要素在企业（组织）转型中发挥的作用主要体现为：以数据要素重构传统要素体系，通过数据应用，将数据要素融入土地、劳动力、资本、技术等传统生产要素，实现生产要素价值提升、资源优化以及对生产要素产生替代效应，为企业（组织）创造新的价值。

——王晨　清华大学

【Note】

数据要素的价值不是数据本身，而是与基于商业实践的算法、模型聚合在一起，通过数据应用以如下三种方式创造价值：一是价值链拓展，通过数据要素赋能与跨域数据综合利用，提升传统单一要素的生产效率和价值创造渠道。例如，对于农机制造商，基于农机联网，实现不同农机作业数据的融合，构建智慧农机系统，将提升机械本身的价值。如果能够将农机数据与气象、种子等外部数据资源有效融合，构建起精益农业服务，将大大扩展农业工程机械本身的商业价值外延与社会效益。二是资源优化，提升传统生产要素之间资源配置的效率。例如，采用智能优化调度，面向复杂的计划编排和调度任务，在大量约束条件的前提下，以最优化为目标，动态地、合理地进行优化安排，提高生产效率。三是投入替代，替代传统要素的投入和功能，通过投入要素优化激活传统要素，改变产品及商业模型，实现传统生产要素的降低。例如，通过智能能源监控与管理，可及时发现能源消耗异常，定位潜在的节能点，提升企业精细化能源管理水平，减少产品能耗，在降低成本的同时，实现企业绿色生产。

Q20： 数字能力赋能价值获取的典型模式有哪些？

A按照企业（组织）调用数字能力赋能业务转型和业态转变的方式不同，可分为四种模式：一是价值点复用模式。推动能力节点的模块化、数字化和平台化，支持各类业务按需调用和灵活使用能力，大幅提高能力节点对应价值点的重复获取，实现价值的增值。二是价值链整合模式。推动能力节点之间沿着业务链、供应链、价值链等流程化协调联动，赋能相关业务实现流程化动态集成、协同和优化，实现供应链、价值链各相关价值环节的价值动态整合和整体效益提升。三是价值网络多样化创新模式。推动能力节点之间构建、运行和自适应优化基于价值流的能力网络，赋能网络化业务模式的创新和发展，大幅提升业务网络化、多样化创新发展的能力和水平，从而实现基于价值网络的价值多样化获取和创新价值创造。四是价值生态开放共创模式。推动能力节点之间构建、运行和自学习优化基于价值流的能力生态，赋能社会化、泛在化、按需供给的业务生态共建、共创和共享，显著提升业务智能化、集群化、生态化发展能力和水平，培育壮大数字业务等新业态，从而与合作伙伴共创、共享生态化价值。

【Note】

区别于工业经济基于封闭技术体系构建的封闭价值获取体系，基于能力的价值获取体系是基于能力赋能构建的开放价值生态体系，赋能业务创新转型和业态转变，实现价值效益共创和共享。

一是价值点复用模式。价值点是由单个孤立价值点以散点形式存在的价值模式。基于能力节点的价值点复用模式，推动能力节点的模块化、数字化和平台化，支持各类业务按需调用和灵活使用能力，以新型能力赋能业务轻量化、柔性化、社会化发展，通过业务的蓬勃发展、开放发展提升能力节点的调用率和复用率，从而大幅提高能力节点对应价值点的重复获取，实现价值的增值。

二是价值链整合模式。价值链是基于上下游衔接的增值活动，将单个价值点串联以实现价值链整合的价值模式。基于能力流的价值链整合模式，推动能力节点之间沿着业务链、供应链、价值链等构建形成基于价值流的能力流，实现能力节点之间的流程化协调联动。以能力流赋能相关业务实现流程化动态集成、协同和优化，通过业务流程动态集成优化，实现供应链、价值链各相关价值环节的价值动态整合和整体效益提升。

三是价值网络多样化创新模式。价值网络是基于价值点网络化连接，实现价值多样化创新的价值模式。基于能力网络的价值网络多样化创新模式，推动能力节点之间构建、运行和自适应优化基于价值流的能力网络，实现能力节点之间的网络化动态协同。以能力网络赋能网络化业务模式的创新和发展，大幅提升业务网络化、多样化创新发展的能力和水平，从而实现基于价值网络的价值多样化获取和创新价值创造。

四是价值生态开放共创模式。价值生态是基于生态合作伙伴之间价值点生态化连接，实现价值的开放生态共建、共创、共享的价值模式。基于能力生态的价值生态开放共创模式，推动能力节点之间构建、运行和自学习优化基于价值流的能力生态，实现生态合作伙伴能力节点之间的在线认知协同。以能力生态赋能社会化、泛在化、按需供给的业务生态共建、共创和共享，显著提升业务智能化、集群化、生态化发展能力和水平，培育壮大数字业务等新业态，从而与合作伙伴共创、共享生态化价值。

【Case】

1. 价值点复用模式

中国长安汽车集团有限公司通过互联网平台，实现"六国九地"24小时不间断的研发，通过反复调用数字化研发、设计、仿真、试验、验证能力，有力地支撑重点领域正向研发体系建立，研制周期缩短30%，研发质量大幅提升，产品市场竞争力显著增强。

2. 价值链整合模式

青岛红领制衣有限公司将指标识别、定制版型、配套包装等环节标准化、模块化，形成各环节服务能力节点，以数据驱动，通过能力节点协同，实现西服全程个性化定制，提高了供应链、价值链各相关价值环节的价值动态整合和整体效益，西服从定制到发货仅需七天时间。

3. 价值网络多样化创新模式

海尔集团公司"人单合一"模式，将企业供应链管理能力、生产运营能力平台化，海尔员工变成了上千个自主经营体，通过每个经营体的能力与平台能力进行网络化连接，快速扩大价值空间边界，不断做大市场容量，实现价值持续增值以及价值效益的指数级增长。

4. 价值生态开放共创模式

深圳市腾讯计算机系统有限公司以技术、营销、数据开发、用户服务等能力赋能为基础，构建涵盖电商、本地生活、生鲜、物流等领域的价值生态，致力于实现与合作伙伴生态化价值效益的共创共享。

Q21: 当前我国企业数字化转型总体处于什么水平?

A 企业数字化发展由低到高大致将经历五个发展阶段,分别为规范级、场景级、领域级、平台级和生态级。万余家企业数字化转型诊断数据显示,2020 年我国企业数字化转型整体处于探索期,全国超过 80% 的企业仍处于场景级以下阶段,主要在关键业务活动方面开展了数字化技术手段的应用,提升业务活动运行规范性和资源配置效率;实现主要业务流程集成优化、要素互联互通的企业占比不超过 15%,极少数企业实现了整个企业内以及企业之间全要素、全过程互联互通和动态按需配置。企业虽然应用新一代信息技术开展了系列创新工作,但多数企业尚未形成数字时代核心竞争能力,在产品创新、运营管控、用户服务、生态共建、员工赋能、数据开发等方面的数字能力均有很大提升空间,亟待增强。

【Note】

"无法度量就无法管理",为支持企业量化分析数字转型的现状,明确转型方向、目标、重点和路径,参照国际标准 ITU–T Y.4906《产业数字化转型评估框架》以及团体标准 T/AIITRE 10001《数字化转型 参考架构》研制形成的企业数字化转型诊断体系,已部署在线上诊断服务平台(www.dlttx.com/zhenduan),从数字化转型"往哪儿走""做什么""怎么做""结果如何"等方面,为企业提供在线诊断对标服务。万余家企业诊断数据分析结果表明,2020 年我国企业数字化转型整体处于探索期,全国大部分企业(80% 以上)处于场景级以下阶段,主要特征是在关键业务活动方面开展了数字化技术手段的应用，提升业务单元的运行规范性和资源配置效率；少部分企业（不足15%）实现了主要业务流程的集成优化、要素互联互通；极少数企业通过企业级数字化和产业互联网级网络化，实现了企业内全要素、全过程互联互通和动态优化。

多数企业仍处于数字化转型探索期的重要原因之一是企业虽然应用新一代信息技术开展了系列创新工作，但多数企业尚未形成数字能力体系，在产品创新、运营管控、用户服务、生态共建、员工赋能、数据开发等方面的能力还不足以支持推动模式、业态等全方位、深层次的数字化转型变革。如表1所示，2020年具备并行协同研发能力的企业比例约为30%，具备一体化运营管理能力的企业比例不足20%，具备客户服务快速响应能力的企业比例不足30%，具备供应链协同能力的企业比例不足15%。

表1　企业数字化转型相关指标情况

一级	二级	指标	指标解释	2020年
融合应用（企业）	研发	数字化研发工具普及率	应用了数字化研发设计工具的企业占全部企业的比例	73.0%
		具备并行协同研发能力的企业比例	基于产品设计与工艺设计或生产制造等相关业务活动的集成优化实现流程驱动的并行协同研发设计的企业比例	33.4%
	制造	关键工序数控化率	规模以上工业企业关键工序数控化率的平均值	52.1%
		数字化车间普及率	基于流程驱动的生产过程及作业现场数字化，实现基于人、机、料、法、环等生产要素的自动优化配置的车间的比例	28.9%
	管理	关键业务全面数字化的企业比例	实现了信息技术与企业生产经营各个重点业务环节全面融合应用的企业比例	48.3%
		具备一体化运营管理能力的企业比例	实现研发、生产、采销、销售等运营管理主要环节之间的数据互通和流程驱动的运营管理集成优化的企业比例	17.1%
	服务	具备客户服务快速响应能力的企业比例	面向客户需求建立各业务系统间串联响应体系，协同满足用户需求的企业比例	27.9%

续表

一级	二级	指标	指标解释	2020年
产业生态（企业间）	产业链供应链	具备供应链协同能力的企业比例	与供应链上下游企业实现的相关业务系统间数据互联互通，实现供应链上下游企业的供需匹配和企业资源精准调度的企业比例	14.5%
	数据共享	建设数据交换平台的企业比例	建立数据交换平台，实现全企业或生态合作伙伴间多源异构数据的在线交换和集成共享的企业比例	9.1%
	赋能平台	工业互联网平台普及率	有效应用工业互联网平台开展生产方式优化与组织形态变革，并实现核心竞争能力提升的企业比例	14.7%
		工业设备上云率	企业实现了与工业互联网平台连接并能够进行数据交换的工业设备数量占工业设备总数量的比例	13.1%
		关键业务上云率	在研发设计、采购管理、生产管理、销售服务等某一或若干关键业务上实现业务系统上云的企业比例	27.9%
创新转型（结果）	新能力	数字能力普及率	利用新一代信息技术，聚焦跨部门、跨业务环节，建成支持主营业务集成协同能力的企业比例	18.7%
	新模式	开展个性化定制的企业比例	开展个性化定制的规上离散制造企业占全部规上离散制造企业的比例	9.7%
		开展服务型制造的企业比例	开展服务型制造的规上离散制造企业占全部规上离散制造企业的比例	27.9%
	新业务	大、中型企业数字业务收入占比	企业通过新一代信息技术的融合应用，将数字化的资源、知识、能力等进行模块化封装并转化为产品/服务获得的收入占大、中型企业销售收入的比例	4.3%
	新企业	数字企业普及率	在整个企业范围内以及企业之间，通过核心能力数字化、模型化、模块化和平台化，推动全要素、全过程互联互通和动态按需配置，实现以数据为驱动的业务模式创新的企业比例	0.25%

三、数字化转型干什么？
——数字化转型的根本任务是价值体系重构

Q22： 数字化转型的出发点和落脚点是什么？

组织存在的意义就是创造特定的价值，价值创造是其根本目标，数字化转型的出发点和落脚点是创新和重构价值体系，就是要将以物质生产、物质服务为主的价值体系，转变为以信息生产、信息服务为主的价值体系。每一项数字化转型活动都应服务于价值创造、传递、获取等方式转变，并将获得可持续发展的总体价值效益作为转型决策的核心评判依据。

【Note】

数字化转型的出发点和落脚点是开展数字化转型首先需要明确的基本问题，它决定了数字化转型的主要导向，即数字化转型围绕什么来进行。就企业而言，若要明确这个问题，就要回归到企业本质。企业本质是个价值系统，是一个主张、创造、传递、支持和获取价值的系统，因此，数字化转型的出发点和落脚点应是价值体系的创新和重构，包括：

一是重构价值主张，即为各利益相关者提供什么价值，从物质经济时代卖方市场逻辑转变到数字经济时代买方市场逻辑。

二是重构价值创造，即通过哪些核心过程创造出价值，从物质经济时代基于技术专业分工，形成相对固定的价值链，转变到数字经济时代基于数字能力赋能，构建快速响应、动态柔性的价值网络和价值生态。

三是重构价值传递，即通过何种载体/方式将价值传递给利益相关者，从物质经济时代产品（服务）交易实现价值传递，转变到数字经济时代通过能力共享实现价值传递。

四是重构价值支持，即创造价值过程中需要哪些关键支持条件和资源等，从物质经济时代单一要素驱动，转变到数字经济时代以数据为核心的全要素驱动。

五是重构价值获取，即利用何种模式最大化获取价值，从物质经济时代通过物理产品规模化增长获取价值，转变到数字经济时代通过个性化服务按需供给获取网络化、生态化发展价值。

【Case】

1. 重构价值主张

宝马公司（BMW）将数字化渗透到了研发、制造、车机端数字化体验以及包含无数接触点的客户旅程之中，其核心是利用数字化技术和创新成果为客户创造价值，推进价值主张从零部件集成公司向高档出行服务供应商的转变。

2. 重构价值创造

比亚迪股份有限公司在抗疫期间，重构企业原有汽车生产的价值链，充分调用快速研发和柔性制造能力，快速组织口罩生产研发，立项3天后，完成设计图纸；立项7天后，第一台口罩机生产完成，成为了重要的口罩生产商，并迅速出口，取得了良好的社会和经济价值。

3. 重构价值传递

徐工集团基于工程机械产品智能化为客户提供远程运维、全生命周期服务等，将工程机械产品交付转变为服务能力输出，获得增值服务价值。

4. 重构价值支持

国家电网有限公司通过大力挖掘电力数据价值，盘活各类资源要素，对内精准核算每个业务单元的投入产出效率，培育数据管理理念，加强组织人才保障;对外提升服务水平,同时积极发挥电力数据经济晴雨表的作用,服务经济社会发展，助力国家治理现代化。

5. 重构价值获取

中国宝武钢铁集团有限公司创新智慧服务新模式，基于第三方钢铁云平台实现"产业电商 + 产业物流 + 产业金融"，从单一的钢铁生产转向协同共建高质量钢铁生态圈。

Q23：数字化转型"转"什么？

A 围绕价值体系创新和重构，数字化转型主要包含五项重点任务，可概括为五个"转"，即"转战略""转能力""转技术""转管理""转业务"。其中，"转战略"是指由构建封闭价值体系的静态竞争战略，转向共创共享开放价值生态的动态竞合战略，形成新价值主张；"转能力"是指由刚性固化的传统能力体系，转向可柔性调用的数字能力体系，形成价值创造和传递新路径；"转技术"是指由技术要素为主的解决方案，转向数据要素为核心的系统性解决方案，形成价值创造的技术实现新支撑；"转管理"是指由封闭式的自上而下管控，转向开放式的动态柔性治理，形成价值创造的管理新保障；"转业务"是指由基于技术专业化分工的垂直业务体系，转向需求牵引、能力赋能的开放式业务生态，形成价值获取新模式。

【Note】

数字化转型的根本任务是价值体系创新和重构，要实现这一目标，不能简单依靠软硬件部署、流程优化或管理创新，而是需要通过一套有序、完整的任务体系来创造、传递并获取价值。具体而言，企业（组织）可以从战略、能力、技术、管理、业务五个方面进行统筹部署，系统性、体系性、全局性开展转型工作。

一是转战略。面对日益复杂多变的内外部环境，企业（组织）必须增强竞争优势的可持续性和战略的柔性。物质经济时代，企业（组织）主要通过规模化运作来提供低成本、高效率的生产和服务，同时依靠技术壁垒逐步构筑封闭式价值体系，来获得竞争优势。这种发展方式已难以适应数字经济时代要求，越来越多的企业（组织）着力实施数字化转型战略，与合作伙伴建立动态竞争合作关系，通过共建、共创、共享开放价值生态，实现共同发展。

二是转能力。传统物质经济发展方式下，企业（组织）基于技术、渠道等壁垒构筑起"烟囱"式的纵向封闭式体系，形成了相对刚性固化的能力体系，但由于能力与业务无法分割，导致企业（组织）发展柔性、韧性不足。数字经济发展方式下，通过能力模块化、数字化和平台化，可实现能力与业务解耦，形成柔性调用的数字能力体系，支持各类业务按需调用和灵活使用能力，更加有效创造、传递和获取价值。

三是转技术。长期以来，受制于传统"技术导向""业务导向"思维，企业（组织）推进数字化转型过程中，往往更加注重工业技术、产业技术、管理技术等的创新应用，但却弱化了对管理变革的迫切需求，导致策划实施的技术实现方案难以达到预期效果。为此，企业（组织）必须坚持系统观念，协同推进技术创新和管理变革，策划实施涵盖数据、技术、流程、组织等四要素的系统性解决方案，充分激发数据要素价值，更加有力支撑数字能力的建设。

四是转管理。除了系统性解决方案提供的技术支持外，企业（组织）开展数字能力建设，推进数字化转型，还需要适宜的治理体系来提供管理保障。传统上的组织治理更强调自上而下的管控，员工只是作为被管理者或者执行者；而在数字经济时代下，为了更好、更灵活地应对外部环境和用户需求的变化，企业（组织）需要充分激发员工的主观能动性，将其视作管理的参与者甚至合伙人，建立更加开放、柔性的治理体系。

五是转业务。基于技术专业化分工的垂直业务体系，在竞争日趋激烈、用户需求日益个性化、市场存量空间逐渐见顶的大趋势面前，越来越难以获取可持续发展的价值。企业（组织）需要构建用户需求牵引、数字能力赋能的开放式业务体系，加快新技术、新产品、新模式、新业态的培育，获取增量价值乃至开辟新的价值空间。

Q24: 数字化转型过程中，战略"转"什么?

A 数字化转型过程中，从战略视角看，企业（组织）应加快由过去基于技术壁垒、构建封闭价值体系的静态竞争战略，转向依托数字技术深度应用、共创共享开放价值生态的动态竞合战略，着力转变竞争合作优势、业务架构、价值模式，形成新的价值主张。一是"转"竞争合作关系，由单纯关注竞争，转向构建多重竞合关系；二是"转"业务架构，由职能分工型业务架构，转向灵活柔性业务架构；三是"转"价值模式，由基于技术创新构建商业壁垒的长周期价值获取模式，转向资源共享和能力共建的开放价值生态模式。

【Note】

开展数字化转型，首要任务就是要制定数字化转型战略，并将其作为企业（组织）发展战略的重要组成部分，把数据驱动的理念、方法和机制根植于企业（组织）发展战略全局。从竞争合作优势、业务架构和价值模式三个视角考虑，数字化转型在战略层面需要加快实现"三个转变"：

一是转变竞争合作关系。当前，市场竞争生态化趋势日益凸显，企业（组织）间的竞争焦点不再是单纯的技术产品、资源要素的竞争，而是关于智能技术产品（服务）群、数字能力体系，以及供应链、产业链和生态圈之间的多重竞争合作。为此，企业（组织）需要跳出固有思维模式，建立合作共赢思维，由单纯关注竞争转向构建多重竞合关系。构建数字时代的竞争合作优势，应重点关注三个方面：应用数字技术、产业技术、管理技术，并实现其融合创新应用，形成新技术、新产品（服务）；推动跨部门、跨企业（组织）、跨产业的组织管理模式、业务模式和商业模式等的创新变革，形成支持创新驱动、高质量发展的新模式；强化数据驱动，将数据作为新型生产要素，改造提升传统业务，培育壮大数字新业务，以实现创新驱动和业态转变。

二是转变业务架构。当前，传统的基于技术专业化职能分工形成的垂直业务体系，已经难以适应企业（组织）可持续发展的需要，必须以用户日益动态和个性化的需求为牵引，加快构建基于能力赋能的柔性业务架构，以更好地应对内外部环境的变化。落实到实现层面，企业（组织）可根据竞争合作优势需求，以用户需求为牵引，开展流程化、平台化、生态化等业务场景设计，明确各业务场景的目标、具体过程、所需资源等，在此基础上，进一步从企业（组织）全局层面设计新型业务架构。

三是转变价值模式。在物质经济时代，企业（组织）更多的是以技术产品交易为纽带形成价值链，因为技术的长周期性，企业（组织）愿意通过技术壁垒来构建相对封闭的价值体系。随着数字技术的创新突破，IT 能力逐步软件化、模块化、平台化，为技术、人才、创新等各类资源汇聚共享，以及研发设计、生产制造、用户服务等能力的平台化奠定了基础，为企业（组织）依托平台、以数据为纽带、以能力为牵引共建价值生态网络提供了可能，企业（组织）与其合作伙伴得以更精准挖掘用户需求、更大范围动态整合和配置资源、更高效提供个性化服务，资源共享和能力共建的开放价值生态模式成为共识。

Q25：数字化转型过程中，能力"转"什么？

A 数字化转型过程中，从能力视角看，企业（组织）应加快从过去相对刚性固化的传统能力体系，转向可柔性调用的数字能力体系，按照价值体系创新和重构的要求，从与价值创造的载体、过程、对象、合作伙伴、主体、驱动要素等方面，系统推进产品创新、生产与运营管控、用户服务、生态合作、员工赋能、数据开发等数字能力的建设与提升。

一是建设产品创新能力等，推动传统产品向智能化产品升级，产品设计由试验验证向模拟择优转变；二是建设生产与运营管控能力等，推动生产运营由流程驱动为主转向数据驱动为主；三是建设用户服务能力等，推动用户服务由售后服务为主转向全过程个性化精准服务；四是建设生态合作能力等，推动合作伙伴关系由竞争为主转向共创共享价值生态；五是建设员工赋能能力等，推动员工关系由指挥管理转向赋能赋权；六是建设数据开发能力等，推动数据资源转化为数据资产，充分激发数据要素驱动潜能。

【Note】

开展数字化转型，新型能力建设是贯穿始终的核心路径。企业（组织）应从与价值创造和传递紧密关联的六个视角统筹考虑，推进与价值创造的载体、过程、对象、合作伙伴、主体、驱动要素等有关能力的建设与提升。

一是与价值创造的载体有关的能力。产品（服务）是价值创造的载体，企业（组织）应注重加强产品创新等能力的建设，推动数字技术与产品本身以及产品研发过程的融合，推动传统产品向智能化产品升级，产品设计由试验验证向模拟择优转变，以不断提高产品附加价值，提升产品研发效率，缩短价值变现周期等。

二是与价值创造的过程有关的能力。产品（服务）价值主要通过生产、运营等活动产生，企业（组织）应着重加强生产与运营管控等能力，纵向贯通生产管理与现场作业活动，横向打通供应链／产业链各环节经营活动，不断提升信息安全管理水平，推动生产运营由流程驱动为主转向数据驱动为主，逐步实现全价值链、全要素资源的动态配置和全局优化，提高全要素生产率。

三是与价值创造的对象有关的能力。企业（组织）经营归根结底是为用户创造价值，换言之，用户是价值创造的对象。企业（组织）应注重用户服务能力等的建设，加强售前需求定义、售中快速响应和售后增值服务等全链条用户服务，推动用户服务由售后服务为主转向全过程个性化精准服务，最大化为用户创造价值，提高用户满意度和忠诚度。

四是与价值创造的合作伙伴有关的能力。数字经济时代，企业（组织）应注重生态合作能力等的建设，加快由过去竞争为主转向共创共享价值生态，加强与供应链上下游、用户、技术和服务提供商等合作伙伴之间的资源、能力和业务合作，构建优势互补、合作共赢的协作网络，形成良性迭代、可持续发展的市场生态。

五是与价值创造的主体有关的能力。员工是开展价值创造活动的主体，企业（组织）应注重员工赋能等能力的建设，充分认识到员工已从"经济人""社会人"向"知识人""合伙人""生态人"转变，推动员工关系由指挥管理转向赋能赋权，不断加强价值导向的人才培养与开发，赋予员工价值创造的技能和知识，最大限度地激发员工价值创造的主动性和潜能。

六是与价值创造的驱动要素有关的能力。数据是驱动价值创造活动的关键要素，企业（组织）应打造数据开发等能力，推动数据资源转化为数据资产，并对其进行资产化运营和有效管理，深入挖掘数据价值，充分发挥数据作为创新驱动核心要素的潜能，以数据支撑决策、驱动运营、促进创新，开辟价值增长新空间。

【Case】

1. 与价值创造的载体有关的能力

中国机械工业集团有限公司基于北斗技术并搭载智能终端，研发了LX904自动驾驶智能拖拉机，构建了农机装备远程监测及作业服务平台，通过统一调度和管理185台LX904自动驾驶农机具，产生了良好的经济社会效益。

2. 与价值创造的过程有关的能力

中国宝武钢铁集团有限公司加快工业机器人、无人化行车、人工智能等新技术应用，生产管理能力显著提升，上海基地全球率先实现"一键炼钢出钢"。

3. 与价值创造的对象有关的能力

东风汽车集团有限公司通过数字化技术打通线上、线下的数据循环，畅通客户旅程的各个环节，并基于业务中台无缝融合各种场景，实现客户连接和交易过程的数字化，持续改善客户体验。

4. 与价值创造的合作伙伴有关的能力

中国华能集团有限公司打造"华能智链"智慧供应链集成服务平台，运用电子商务、大数据、物联网、区块链技术，构建集中采购平台、电商销售平台、智慧物流平台、金融科技平台及大数据云平台等生态体系，汇聚能源提供商、发电厂、配件供应商等行业上下游合作伙伴，实现商流、物流、资金流及信息流的"四流合一"。

5. 与价值创造的主体有关的能力

华润（集团）有限公司在重塑自身组织能力的同时，打造学习型的共享资源服务平台，成立智信学院，培养专业人才、激发创新精神、打通产学研渠道，发挥文化引领作用。

6. 与价值创造的驱动要素有关的能力

中国南方电网有限责任公司构建完善覆盖企业运营管理全业务的一体化数字业务平台，深化数据资产全生命周期运营管理和数字化协作应用，以数据驱动业务流程再造和组织结构优化，提升企业数据治理能力和数据价值创造能力。

Q26：数字化转型过程中，技术"转"什么？

A 数字化转型过程中，从技术支持视角看，企业（组织）应加快由过去以技术要素为主的解决方案，转向以数据要素为核心的系统性解决方案，围绕数字能力建设，策划实施涵盖数据、技术、流程、组织等四要素的系统性解决方案，并通过四要素互动创新和协同优化，推动数字能力的持续运行和不断改进。数据要素方面，注重数据资产化运营，充分挖掘数据要素价值和创新驱动潜能；技术应用方面，注重数字技术与产业技术、管理技术等的集成、融合和创新，发挥数字技术赋能效应；流程优化方面，注重端到端业务流程的优化设计与数字化管控；组织调整方面，注重业务流程职能职责与人员胜任力的匹配性调整。

【Note】

数字化转型涉及战略调整、能力建设、技术创新、管理变革、业务模式转变等一系列转型创新，是一项复杂系统工程，需要系统性的解决方案。围绕数字能力的建设，企业（组织）应坚持技术和管理并重，策划实施涵盖数据、技术、流程、组织等四个核心要素的系统性解决方案，在此基础上，通过四要素互动创新和持续优化，推动新型能力和业务创新转型的持续运行和不断改进。

一是数据的采集、集成与共享。完善数据的采集范围和手段，提升设备设施、业务活动、供应链/产业链、全生命周期、全过程乃至产业生态相关数据的自动采集水平；推进数据的集成与共享，采用数据接口、数据交换平台等开展多源异构数据在线交换和集成共享；强化数据建模与应用，深入挖掘数据要素价值。

二是技术的集成、融合与创新。有序开展生产和服务设备设施自动化、数字化、网络化、智能化改造升级；部署适宜的 IT 软硬件资源、系统集成架构，逐步推动 IT 软硬件的组件化、平台化和社会化按需开发和共享利用；建设覆盖生产 / 服务区域统一的运营技术（OT）网络基础设施，并提升 IT 网络、OT 网络和互联网的互联互通水平；自建或应用第三方平台，推动基础资源和能力的模块化、数字化、平台化。

三是流程优化与数字化管控。开展跨部门、跨层级、跨业务领域、跨企业（组织）的端到端的业务流程优化设计，应用数字化手段开展业务流程的运行状态跟踪、过程管控和动态优化等。

四是职能职责调整和人员优化配置。根据业务流程优化要求确立业务流程职责，匹配调整有关的合作伙伴关系、部门职责、岗位职责等；按照调整后的职能职责和岗位胜任要求，开展员工岗位胜任力分析，人员能力培养、按需调岗等，不断提升人员优化配置水平。

Q27：数字化转型过程中，管理"转"什么？

A数字化转型过程中，从管理保障视角看，企业（组织）应加快由过去封闭式的自上而下管控，转向开放式的动态柔性治理，统筹推进数字化治理、组织结构调整、管理方式变革和组织文化创新。数字化治理方面，加快从传统 IT 治理，向数据、技术、流程、组织、安全等架构统筹和协调管理转变；组织结构方面，加快从科层制管理的"刚性"组织，向流程化、网络化、生态化的"柔性"组织转变；管理方式方面，从职能驱动的科层制管理，向技术使能型管理、知识驱动型管理、数据驱动的平台化管理、智能驱动的价值生态共生管理等转变；组织文化方面，注重将数字化转型战略愿景转变为员工主动创新的自觉行动，以保障数字化转型系统工程的有效实施。

【Note】

一是治理机制：从传统 IT 治理向数据、技术、流程、组织、安全等架构统筹和协调管理转变。数字化转型治理不仅仅是 IT 治理，应该重视以企业架构为核心的数字化转型顶层设计，构建涵盖数据、技术、流程、组织、安全等要素的建设、运维和持续改进的协同治理机制，统筹推进技术应用、流程优化、组织变革、数据价值挖掘、安全保障建设等五方面活动的有效开展，保障数字化转型的整体性、协作性、可持续性。

二是组织结构：从科层制管理的"刚性"组织，向流程化、网络化、生态化的"柔性"组织转变。外部环境的不确定性和市场需求的差异化要求企业（组织）必须打造动态灵活的组织结构，以支持企业（组织）快速、敏捷地满足用户个性化需求，创造和开拓新的市场领域，适应当前数字经济时代的商业竞争环境。

三是管理方式：从职能驱动的科层制管理，向技术使能型管理、知识驱动型管理、数据驱动的平台化管理、智能驱动的价值生态共生管理转变。

四是组织文化：把组织的数字化转型战略愿景转变为员工主动创新的自觉行动。与数字时代运行规律相匹配的组织文化是确保数字化转型成功的精神纽带，是企业（组织）保持数字化转型战略定力的关键所在。企业（组织）要树立开放创新、共生共赢的价值观，培育和深化数字文化、变革文化、敏捷文化、开放文化和创新文化，加强价值理念体系建设、行为规范指导和宣贯培训，并将价值理念融入员工选拔和激励机制、创新机制等管理机制中，将数字化转型战略愿景转变为员工主动创新的自觉行动，形成数字化转型的动力源泉，支撑企业（组织）的成功转型。

【Case】

1. 转变治理机制

中国南方航空集团有限公司 2016 年将数字化转型上升到公司战略，2019 年组建科技信息与流程管理部，定位为科技和信息化建设顶层规划、数字化转型推进、智能化战略落地的推动部门，统筹科技创新、技术应用、流程管理、数据治理和开发利用。公司明确以重构 IT 架构为核心的技术转型思路，从传统架构转向更符合新技术发展的"云平台 + 双中台（数据中台、业务中台）"架构。

2. 转变组织结构

为了应对市场的变化，海尔集团公司先后经历了从工厂制到事业部制，从事业部制到矩阵化组织，从矩阵化组织到倒三角组织结构，再到今天的小微生态圈等一系列的组织结构变革，逐步从传统的"正三角"科层制组织，转变为由"小微"和资源平台组成的平台型网状组织。

3. 转变管理方式

面对快速变化的互联网市场，阿里巴巴集团控股有限公司打破了烟囱式的组织结构和集权型的管理模式，建立起了强大的以开发工具、数字中台、业务中台和协作工具为主的作战资源池，可以由前端业务部门直接调用，高效地组织各类资源实现快速创新。这样共享、透明、共创的环境，激发了每一个个体的潜能，便于员工快速响应市场的变化和客户的需求。

4. 转变组织文化

中国南方航空集团有限公司大力弘扬"勤奋、务实、包容、创新"的南航精神，加强数字化转型战略、数字化转型重点项目的内部宣传，将数字化转型的愿景融入员工的日常行为。公司建立容错免责机制，划出干部员工干事创业的"安全区"。鼓励大众创新，激发员工创新意识，以机制促创新，以创新促管理。员工始终保持和树立创新意识，以"五小"（小发明、小创造、小革新、小设计和小建议）创新为抓手，让创新成为南航新的竞争优势。成立数字化协会，举办南航创新挑战赛暨南航创新论坛，营造数字化转型智能化变革的文化氛围，并树立人人参与数字化建设的价值理念。

Q28：数字化转型过程中，业务"转"什么？

A 数字化转型过程中，从业务视角看，企业（组织）应从业务数字化、数字业务化两个层面入手，推进传统业务创新转型升级，以业务数字化、业务集成融合、业务模式创新、数字业务培育，加快转变过去基于技术专业化分工的垂直业务体系，建立需求牵引、能力赋能的开放式业务生态。

【Note】

数字经济时代，个性化、动态化、不确定性用户需求日益突出，企业（组织）发展面临的资源、能源和环境刚性约束日益增强，传统基于工业技术专业化分工取得规模化效率的发展方式已经难以为继，企业（组织）迫切需要深化数字技术应用，充分发挥数字能力赋能作用，推进传统业务创新转型升级（业务数字化），培育发展数字新业务（数字业务化），逐步建立需求牵引、能力赋能的开放式业务生态，快速响应、满足和引领市场需求，获取以创新和高质量为特征的多样化发展效率，持续开辟价值增长新空间。

企业（组织）在进行业务创新转型时，应以培育发展数字业务为引领，螺旋式推动业务数字化、业务集成融合和业务模式创新。在数字化转型初期，企业（组织）应在以提升单项应用水平的基础上，在研发、生产、经营、服务等业务环节部署应用场景级数字化设备设施和技术系统，开展关键业务数据获取、开发和利用，持续完善技术使能型的管理模式，提升关键业务数字化、场景化、柔性化水平，以获取基于关键业务数字化、场景化、柔性化带来的增效、降本、提质等价值效益。

在具备一定业务数字化的基础上，企业（组织）应以提升综合集成水平、建设数字企业（组织）为重点，开展跨部门、跨业务环节的数据获取、开发和利用,持续完善知识驱动型的管理模式,推动企业(组织)纵向管控集成、横向产供销集成以及面向产品全生命周期的端到端集成,优化资源配置水平,大幅提升业务集成运行效率,以获取基于业务集成融合、动态协同和一体化运行带来的增效、降本、提质,以及新技术/新产品、服务延伸与增值、主营业务增长等价值效益。企业(组织)在业务数字化及业务集成融合阶段,主要针对的是现有业务,主营业务和商业模式未发生根本性变化。

突破业务集成融合后,应以建设平台企业(组织)为重点,依托支持企业(组织)网络化协同和社会化协作的平台级能力,开展全企业(组织)、全价值链、产品全生命周期的数据获取、开发和利用,持续完善数据驱动型的管理模式,逐步构建平台企业(组织),发展延伸业务,实现产品/服务创新,以获取基于业务模式创新带来的新技术/新产品、服务延伸与增值、主营业务增长等网络化价值效益。

条件适宜时,企业(组织)应以构建价值生态为重点,依托价值开放共创的生态级能力,开展覆盖企业(组织)全局以及合作伙伴的生态圈级数据的获取、开发和利用,持续完善智能驱动的生态型管理模式,培育和发展以数据为核心的新模式、新业态,以获取基于数字业务带来的用户/生态合作伙伴连接与赋能、数字新业务、绿色可持续发展等生态化价值效益。

【Case】

三一重工股份有限公司核心业务正在从"单一设备制造"向"设备制造+服务"转型,逐步实现"一切业务数据化"和"一切数据业务化"。三一重工股份有限公司在探索业务创新转型过程中,也历经了业务数字化、业务集成融合、业务模式创新和培育数字业务等过程。

2014年以前,三一重工股份有限公司侧重于业务的数字化。三一重工股份有限公司全力推进研发、采购、制造、营销服务和经营管理的数字化升级，不断推动各项业务的在线化。

2014—2020 年，三一重工股份有限公司全力推进业务集成融合。全面推进营销服务、研发、供应链、财务等各方面的数字化智能化升级，推动 PLM（产品生命周期管理）、CRM（客户关系管理）、SCM（供应链管理）、GSP（全球供应商门户）、制造设备数字化等项目，公司生产运营设备、销售设备实现互联。尤其在 2020 年，将 MES（制造执行系统）升级为 MOM（智能管理系统），上层连接仓储管理、产品生命周期管理等多套系统，下层连接物联网平台，解决硬件接入问题，与产线自动化设备紧密集成，建立统一的生产数据模型。

2018 年至今，不断探索业务模式创新和数字业务培育。以 18 号厂房为试点，探索智能化生产，应用大量的智能机器人和 AGV（自动引导小车），生产流程从无人化下料、智能化分拣、自动化组焊、无人化机加、智能化涂装、装配下线和智能化调试，全程做到无人化、自动化和智能化。依托树根互联探索培育数字新业务，实现对外赋能。2016 年，基于数据观察到工程机械行业景气周期到来，开始孵化树根互联项目，截至 2021 年 1 月，根云平台接入 72 万台工业设备，连接 6000 多亿元资产，赋能 81 个细分行业，对外输出设备互联、数据互通，帮助行业企业实现设备生命周期管理、设计研发数字化、生产制造数字化、售后及维修服务可预测等能力。

Q29：大型企业和中小企业推进数字化转型的侧重点分别是什么？

A 大型企业推进数字化转型的侧重点在于整合并利用其资源和技术优势，应用新一代信息技术打通产业链供应链，加快推进商业模式创新和业态转变，构建产业（工业）互联网平台生态，赋能产业链供应链相关企业加速协同发展、集群发展，将自身打造为平台型、生态型组织，发挥大型企业在产业链供应链中的"引领支撑"作用。

中小企业推进数字化转型的侧重点在于依托产业（工业）互联网平台生态以及第三方服务平台，一方面，解决其在信息技术应用、运营管控、经营管理等方面的痛点和难点，将有限的资金、人力等资源聚焦在其细分市场的核心业务中，进行核心业务的数字化应用升级，实现降本增效，提高产品或服务质量；另一方面，通过上云上平台，更好地融入产业链供应链，发挥中小企业在产业链供应链中的"协作配套"作用。

【Note】

李克强总理在 2021 年 3 月的政府工作报告中指出，今年的工作重点之一是"增强产业链供应链自主可控能力，实施好产业基础再造工程，发挥大企业引领支撑和中小微企业协作配套作用"，为大型企业和中小企业在产业链中的定位指明了方向，即大型企业发挥引领支撑作用，而中小企业需发挥协作配套作用。基于目标定位和技术、资源现状的不同，两类企业推进数字化转型工作的侧重点也存在差异。

大型企业普遍经营存续时间较长，规模庞大，技术、资金、人才等资源积累雄厚，且拥有相对完善的基础设施和成熟的商业模式、盈利模式等。因此，其数字化转型的侧重点是如何利用（新一代）信息技术，整合其现有技术和资源优势，在相对成熟的业务、产品、组织体系基础上，进一步打通人、财、物、产、供、销各环节，推动运营管控优化和业务创新转型，实现价值体系的优化、创新和重构；同时，大型企业需要做好示范引领，向外延伸，与产业链上下游的合作伙伴构建共生共赢的开放平台和生态系统，转型成为平台型、生态型组织，从而保持行业领先地位，发挥其在整个产业链中的"引领支撑"作用。

中小企业是产业链中量大面广的"中长尾"部分，其数字化转型的进程和水平对全产业链数字化至关重要。第四次全国经济普查数据显示，占企业数量 90% 以上的中小企业贡献了 50% 以上的税收、60% 以上的 GDP、70% 以上的技术创新、80% 以上的城镇劳动就业。与大型企业不同，中小企业普遍存在数字化基础较弱、资金不足、人才匮乏等问题，在数字化转型过程中面临着不会转、不能转、不敢转的困境。因此，中小企业在推进数字化转型的过程中，一方面，需要最大程度上借助和利用产业（工业）互联网平台、政府公共服务平台、社会服务平台等平台成熟的数字化转型能力，减少在非核心业务环节的投入。比如借助"钉钉"之类的数字化组织运营平台，实现员工之间的高效沟通和在线协同，提高运营管理效率，降低成本；借助"微盟"之类的商业及营销解决方案提供商，实现在微信、QQ、知乎、百度等不同渠道的精准营销投放。从 2008 年，中华人民共和国国家发展和改革委员会等八部委发布《关于印发强化服务　促进中小企业信息化意见的通知》，到 2020 年，中华人民共和国国家发展和改革委员会、中共中央网络安全和信息化委员会办公室印发的《关于推进"上云用数赋智"行动　培育新经济发展实施方案》，均提出由政府和平台来承担固定资产投入，而中小企业自身以边际投入的方式轻装上阵，为中小企业的数字化转型提供充分的外部力量支撑。

在此基础上，中小企业需要结合其所在行业规律和自身的商业模式特点,量力而行,从亟待解决的关键问题切入,循序渐进推进转型工作。根据相关统计结果显示,仅 31% 的中小企业业务能够覆盖设计、生产、物流、销售、服务等在内的产品全生命周期,大部分中小企业对于设计、物流、销售、客户服务等业务大多采用外包方式,而主要将资金和人才投入都聚焦在生产业务环节,专注于细分市场。因此,中小企业的数字化转型重点是加速核心业务环节的转型升级,实现降本增效,提高产品或服务质量,发挥其在整个产业链中的"协作配套"作用。

【Case】

1. 钉钉: 数字化组织运营平台助力中小企业降本增效

发布于 2014 年的钉钉,被称为"企业组织数字化时代的淘宝",通过人、财、物、事在线数字化、办公移动化、业务智能化,全方位提升企业组织运营效率,大幅降低企业组织数字化成本。据统计,在钉钉上办公的一天时间内,它可以为 1000 万企业用户节省办公费用约 191 亿元。钉钉平台为 2 亿个人用户打造了至少 8 亿平方米的线上办公空间,相当于一年节省租金约 5398 亿元。

2. TCL"简单汇"打造供应链金融服务新模式

TCL 科技集团股份有限公司为降低产业生态圈内合作企业资金成本,优化生态圈融资环境,建成了供应链金融科技信息平台"简单汇",可精准满足边远小微供应商的融资需求,渗透性解决实体"毛细血管供血不足"的问题。截至 2020 年 4 月,"简单汇"平台注册企业超 16 071 家,其中 90% 以上为民营企业,78% 为注册资本 1000 万元以下的小微企业,入驻核心企业 160 余家,累计交易规模达 3705 亿元,累计确权金额约 1466 亿元,累计融资 499 亿元,账期平均 3 个月左右,融资综合成本约年化 6%,普惠特色鲜明。

3. 京东京励助中小企业"码上"营销

京东京励-数字化智能营销服务平台面向快消品品牌商推出的基于区块链赋码技术的营销解决方案,有效满足了中小型快消品品牌商在用户精细化营销和渠道数字化管理方面的诉求。该方案为企业客户在私域流量池建立、渠道奖励发放、营销活动执行方面,提供技术服务、商品服务、物流服务。用户精细化营销方面,用"码"连接客户,终端用户可以扫码得积分、扫码领红包、扫码抽奖、扫码填写调查问卷,使终端客户产生对品牌的忠诚度。同时,线下终端用户可以直接关注品牌商私域流量载体,品牌商通过京东京励-数字化智能营销服务平台提供的会员商城,在私域流量中进行自有商品的售卖,建立自有电子销售渠道;还可以通过京东京励-数字化智能营销服务平台提供的积分商城,对客户进行精细化运营,增加客户的留存。

Q30：企业上云上平台的阶段性重点分别是什么？

A 企业上云上平台由低到高可分为资源上云上平台、业务上云上平台、能力上云上平台、生态上云上平台等四个阶段。资源上云上平台，主要侧重于云技术手段应用；业务上云上平台，主要侧重于业务协同与优化；能力上云上平台，主要侧重于数字能力赋能业务平台化创新变革；生态上云上平台，主要侧重于数字能力赋能价值生态共创共享。达到能力上云上平台阶段，才能基于能力平台有效支持企业重构价值创造、传递和获取模式，才是真正意义上的数字化转型。

【Note】

企业上云上平台可分为资源上云上平台、业务上云上平台、能力上云上平台、生态上云上平台四个阶段：

一是以成本降低为导向，开展计算存储等基础设施云化和软件云化部署。

二是以业务集成协同为导向，推动核心业务系统上云，实现数据集成共享和业务流程集成运作。

三是以业务模式创新变革为导向，构建基础资源（设备、人力、资金）和数字能力（研发、制造、服务等）平台，实现企业内外动态调用和配置，支持柔性化、服务化的新业务模式。

四是以生态构建为导向，企业成为社会化能力共享平台的重要贡献者，与合作伙伴共同实现生态基础资源和能力的平台部署、开放协作和按需利用。

【Case】

1. 资源上云上平台

企业建设私有云基础设施、应用公有云平台租用计算存储资源、订阅 SaaS 云服务等。

2. 业务上云上平台

中国华能集团有限公司建成投运华能企业云数据中心，加快管理信息系统上云，在 ERP 等企业综合治理应用的基础上，推进数字化财务建设，加快财务业务转型。

3. 能力上云上平台

中国电信集团有限公司打造企业数字化平台，搭建以云网融合为核心的数字化平台，汇聚封装原子能力，逐步沉淀通用产品能力，对内打造企业内部服务生态，提升智能化运营、管理及服务能力，对外打造垂直行业服务业态，建设数据驱动型应用能力。

4. 生态上云上平台

在消费互联网领域，北京三快在线科技有限公司的美团基于营销、物流等能力平台，构建涵盖电商、本地生活、生鲜、物流等领域的价值生态，实现与合作伙伴生态化价值效益的共创共享。产业互联网领域，海尔卡奥斯物联生态科技有限公司建设 COSMOPlat 平台，基于开放的多边共创共享生态理念，聚集了 390 多万家供应商，连接了 2600 多万台智能终端，为 4.2 万家企业提供了数据和增值服务。

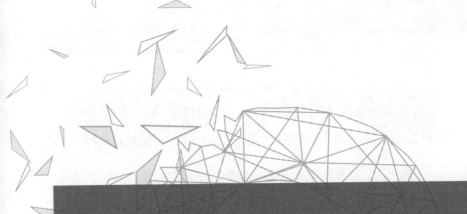

四、数字化转型怎么干？

——坚持系统观念，构建持续迭代的协同创新工作体系

Q31：推进数字化转型应遵循技术导向、业务导向还是价值导向？

A在数字化发展的"数字转换"阶段，主要任务是利用数字技术将信息由模拟格式转化为数字格式，利用技术拟解决的问题相对单一、具体和明确，可采用技术导向，以技术本身的能力和水平作为技术应用的评判依据和准则。

在数字化发展的"数字化"阶段，主要任务是利用数字技术实现业务流程打通和管理优化等，利用技术拟解决的问题相对多样、复杂和多变，技术导向容易导致"两张皮"现象，造成技术应用浪费和失效，可采用业务导向，以业务流程集成优化与提升的需求和最终成效作为技术融合应用的评判依据和准则。

在数字化发展的"数字化转型"阶段，亦即网络化、智能化发展阶段，主要任务是推动传统业务创新转型、重塑客户价值主张和增强客户交互与协作等，利用技术拟解决的问题聚焦于开放合作、共享共创，业务导向容易导致"围城"现象，阻碍业务体系的系统性创新和变革，可采用价值导向，以通过打造数字新能力开辟数字经济价值增长新空间作为技术融合和创新应用的评判依据和准则。

【Note】

当前，大多数企业（组织）处在数字化发展的"数字化"阶段，受制于业务部门对数字技术应用认识和动力不足，积极性缺乏，参与度不高，信息部门又对业务缺乏深入认知,很容易导致技术导向,甚至"唯技术论",技术应用与业务需求脱节,造成"两张皮"现象,最终技术应用难以有效支持和推动业务优化,浪费严重。

而进入数字化发展的"数字化转型"阶段,关键是要利用互联网、大数据、人工智能等数字技术加速业务创新和转型,实现企业(组织)之间资源、能力等的开放共创,如果仍仅坚持业务导向,技术应用很容易被束缚于服务现有业务体系,阻碍创新和变革。而价值导向不仅能较好地打破传统业务壁垒,推动企业(组织)内部业务系统性融合与创新,更重要的是它也能较好地解决跨企业(组织)动态合作的动力和机制。

Q32： 数字化转型是否应以数字能力建设和应用为主线？

A在较好地实现数字化的基础上，数字化转型主要发生在网络化、智能化发展阶段，关键是要基于数字技术赋能作用提高企业（组织）内部和外部社会化资源的平台化协同和动态配置水平，从而实质性推动业务体系变革、商业模式创新，开辟新空间，创造新价值。企业（组织）将自身的核心技能进行数字化、模型化、模块化和平台化，有条件时可与其他合作伙伴共同打造生态化数字能力平台，基于数字能力（平台）向下赋能新型基础设施资源按需配置，向上赋能以用户体验为中心的业务生态化发展，才能大幅提升对日益个性化、动态化、不确定性市场需求的响应水平，从以物质经济规模化发展为主，转向以数字经济多样化发展为主。同时，在企业（组织）价值体系创新和重构过程中，只有以数字能力建设和平台化应用这一价值创造和传递新路径为主线，承载战略布局的价值新主张，形成支持价值创造和传递的系统性解决方案，构建保障价值创造和传递的数字化治理体系，才能更好地打破传统的管理层级和业务壁垒束缚，更有效地赋能业务创新转型，打造价值获取新模式，实现系统化、体系化统筹协调发展。

Q33: 如何才能建好用好数字能力?

A 能力是个人或组织按照特定价值目标完成相关活动或任务的要求与要素组合以及由此具备的综合素养。数字经济时代的新型能力就是数字化生存和发展能力,即数字能力。建好用好数字能力不只是关注数字化的软硬件工具,至少应从三方面系统推进:一是数字能力建设、运行和优化的过程管控机制。即构建能力策划,支持、实施与运行。评测与改进的"PDCA"(P: Plan、D: Do、C: Check、A: Act)过程管控机制,确保能力建设和运用过程可管可控、可持续优化,从而不断实现能力的优化升级,推动价值效益的逐级跃升。二是数字能力建设、运行和优化的系统性解决方案。即形成涵盖数据、技术、流程和组织等四个要素的系统性解决方案,充分发挥数据驱动潜能,推动信息技术、管理技术与专业领域技术(如工业技术)等的集成应用,以及四要素之间的融合、迭代创新,支持能力和价值目标有效实现。三是数字能力建设、运行和优化的治理体系保障机制。即建立涵盖数字化治理、组织机制、管理方式和组织文化等的治理体系保障机制,确保能力能够被有序、高效、协调打造和运用,从而最大限度地发挥其价值创造的潜能。

【Case】

　　中广核工程有限公司作为中国广核集团的主要成员企业,是中国第一家专业化的核电工程管理公司。围绕其成为国际一流工程承包/咨询公司的战略愿景,开展了数字能力建设和应用,成效明显,其建设质量、施工安全等方面指标均有效提升。本案例以中广核工程有限公司构建工程项目协同管控能力为例，说明如何建好用好数字能力。

1. 过程管控机制

中广核工程有限公司为打造工程项目协同管控能力，建立了 "PDCA" 的过程管控机制。在能力策划方面，围绕企业品牌战略、国际化战略、同心圆战略等三大战略，系统开展了企业内外部环境和对标分析，明确工程建造精细化管控、设计建造一体化等竞争合作优势需求，提出打造工程项目协同管控能力，进而形成了以管控、组织、业务为核心的业务协同管控实施方案和《统一业务流程平台》技术规范书等策划文件。在能力支持、实施与运行方面，通过建立统一业务流程平台，以"核电工程业务协同、核电工程管控协同"为切入点，将能力分解为"安全隐患按期关闭率"等七个指标，并进一步将其细化为智能工程部等十余部门的工作任务，在此基础上推动系统性解决方案的技术实现和治理体系的创新完善。在评测与改进方面，采用进展监测、里程碑评审、内审、评估与诊断等方式实现对解决方案和治理体系进行评估，不断推动数字能力建设、运行和优化，促进能力等级迭代升级。

2. 系统性解决方案

中广核工程有限公司为打造工程项目协同管控能力，形成了涵盖数据、技术、流程、组织等四要素的数字能力建设、运行和优化的系统性解决方案。数据方面，统一数据标准，实现工程文件索引（index of engineering document，IED）、时间、成本（设备费、工时量）、风险、知识、文档等数据全面集成，并实现数据可视化，推动平台数据的有效对接，促进数据的共享、综合应用与数据流、管控流的精准交互。技术方面，基于"应用服务器 + 数据服务器 + 文件服务器 + 缓存服务器"的网络部署架构，生产、管控各类业务支持平台实现对接，进度、成本、风险、技术、文件、知识等各个项目管控领域实现全面集成与联动。流程方面,打通了核电工程全周期业务流程,实现板块间专业间业务流程显性化、标准化;建立了项目范围管理的编制、审批、执行流程;优化了文档分发等管理流程。组织方面,根据流程优化结果,开展了总体统筹岗等岗位职责调整。

3. 治理体系保障机制

中广核工程有限公司为打造工程项目协同管控能力,开展了治理体系机制的优化。数字化治理方面,形成了总经理推动,各主要部门全面参与的推进机制;平台开发过程中多次进行安全测试;为支撑能力建设,编写了 32 项相关文件;并匹配了支撑数字能力建设所需的人员和资金。组织机制方面,成立智能工程研发项目部、智能工程部,落实范围管理的部门及其职责。管理方式方面,依托平台工具,实现网络化、电子化运作及员工、技术、质量、风险、知识等管理客体的精益管控。组织文化方面,召开启动大会进行宣传贯彻,并多次开展培训,全员达成了支持能力建设的共识;并将数字能力建设与企业"责任担当、严谨务实、创新进取、客户导向、价值创造"的价值观相结合,形成了推动能力建设的良好文化氛围。

Q34：如何构建层次化的新型产业结构？

以数字经济为代表的范围经济时代，新型基础设施（资源）、能力平台、业务生态将实现在产业内、甚至跨产业分层整合和协同发展，逐步构建形成新型基础设施（资源）、能力平台、业务生态分层发展的新型产业结构。

新型基础设施（资源）建设投入大，公共服务属性强，投入回报周期长，主要强调集约化建设和共享化利用，其建设运营一般由专门的大型企业负责，支持相关应用企业（组织）实现轻量化发展。新型基础设施层产业集中度高，企业规模巨大，数量少。

有核心能力的企业（组织）将"Know How"（技术诀窍、专业能力等）进行数字化、模型化、模块化加工并进行平台化部署，打造能力平台，虽然平台经济本身具有赢者通吃的特征，但能力平台建设具有较强的专业领域属性，一般会走先垂直深耕，再横向扩展的模式。能力平台层产业集中度不如新型基础设施层那么高，企业（组织）规模也没那么大，数量相对较多。

基于能力平台赋能，大幅降低业务活动专业门槛，推动业务活动以用户体验为中心，机动灵活地按需供给，实现协同化、社会化、多样化、生态化发展。业务生态层产业集中度低，企业（组织）或创业团队的规模一般不大，数量却非常庞大，且动态变化。

Q35：数字化转型是否应该"先开枪后瞄准"？

A 过去几十年，通过借鉴国外先进经验和模式，我国信息化取得了快速发展，而进入数字化转型这一系统性、颠覆式创新的新阶段后，我国在很多领域已处在"无人区"，全球都还没有可供借鉴模仿的最佳范例，而即便是有可对标的对象，在"赢者通吃"的互联网时代，简单复制也绝非企业（组织）的战略选择，只有走出一条差异化的创新之路，才能实现可持续发展。数字化转型是覆盖企业（组织）全局的系统性创新过程，如果没有准确的战略判断，单纯依靠"摸着石头过河""先开枪后瞄准"的模式，企业（组织）很难"瞄准"，更做不到有目标的持续迭代。企业（组织）应不断强化"系统观念"，采取"战略蓝图＋总体方法论"和"边开枪边瞄准"并行的方式，先从数字时代可持续竞争合作优势出发构建战略蓝图和总体方法论，注重战略蓝图设计过程中的全员参与和全员共识，制定战略蓝图分解和落地执行过程中小微迭代创新机制，使得数字化转型既具有前瞻性、系统性的顶层设计，又能在总体框架下进行动态创新和持续改进。

Q36：数字化转型规划应该怎么做？

A数字化转型规划不是支撑企业（组织）现有业务发展的信息系统建设规划，而是从创新、重构企业（组织）价值体系出发开展整体蓝图和推进策略设计。一是要明确数字时代的可持续竞争合作优势，确定数字化转型企业（组织）的状态、差距和需求。二是要开展业务场景分析和设计，以用户体验为中心，明确支撑转型需求的关键业务场景。三是要设计价值模式，明确价值目标、价值创造体系和分配分享机制。四是要策划数字能力体系，明确相关业务场景和价值模式需打造的数字能力。五是要设计数字能力建设工程，从过程管控机制、系统性解决方案、治理体系三个方面明确数字能力建设工程的主要内容和步骤。六是要构建支撑保障体系，优化支持能力体系建设和应用的数字化治理体系、改革举措和企业（组织）文化。七是要形成以数字能力赋能业务创新转型的方案和路径，明确业务数字化、业务集成融合、业务模式创新以及数字业务发展的计划。

Q37：一把手重视是否数字化转型就一定能成功？

$\mathbf{A}$ 数字化转型是一项长期的战略和系统工程，"一把手"的重视程度、变革决心和领导能力对转型的成败起着至关重要的作用，但并不能确保转型成功。数字化转型必须是"一把手"工程，但又不能仅是"一把手"工程，还需要各级"一把手"和全员的一致认同、主动参与和有效作为，通过全员宣贯、全员赋能、全员激励等，将数字化转型的价值理念、战略目标、主要任务和方法策略融入全员的日常行动中，系统提升组织总体效能，确保数字化转型战略目标有效达成。

【Note】

1. 全员宣贯，形成共识

企业（组织）应以实现员工个人与企业共同发展为宗旨，建立员工培养和发展机制，通过培训、文化宣贯等让全员对数字化转型的重要性、理念、方法、路径等形成共识，把数字化转型工作融入组织基因和日常行动。

2. 全员赋能，提升创造力

企业（组织）要充分利用新一代信息技术推进员工工作、学习和发展方式的创新变革，提升员工工作效率，赋能员工学习成长。推动物联网、人工智能、协同工作平台、虚拟现实等数字技术在工作场所的深度应用，打造高效、透明、协同的数字化工作环境，提高团队生产力。建立完善企业（组织）知识图谱，推动企业（组织）内外知识成果的系统梳理、整合、展示、流通、利用，支持员工知识水平和业务能力的持续提升。打造集聚知识、技术、资金、人才、资源等要素的开放式创新平台，通过赋能赋权激发员工充分发挥创造力，高效完成岗位工作，快速响应用户需求和市场环境的变化。

3. 全员激励，激发内生动力

动态灵活的组织架构和管理方式使得传统的以职能和部门为核心的绩效考核和激励体系已经难以匹配数字时代人才培养使用的要求。企业（组织）应充分发挥数据的驱动作用，明确员工的数字化转型相关职责，精准评价员工的贡献，建立以价值贡献为导向的数字化转型人员绩效考核、薪酬和晋升机制，有效解决数字化转型工作高阻力、低参与、对工作成败不担责以及"大锅饭"等问题，引导全体员工积极主动参与数字化转型工作。

Q38: 数字化转型一定要长期推进才能见效吗?

A数字化转型是一项长期的战略,也是一个持续的改革进程,需要关注其长期利益,更要高度重视每一项数字化转型行动的价值可实现性和快速变现的可能性,只有不断取得实效,才能更好地破除改革阻力,不断凝聚共识,更加坚定地做到持之以恒。企业(组织)应从数字时代可持续竞争合作优势出发,着眼于长期价值和绩效提升,构建战略蓝图和总体方法论,在此基础上以价值为导向,建立战略蓝图分解和落地执行过程中快速迭代创新和持续改进机制。具体而言,可借鉴《数字化转型 价值效益参考模型》(T/AIITRE 10002—2020)给出的价值效益参考分类,从价值显现度高且可快速实现的场景试点切入,不断迭代和改进完善,水滴石穿,久久为功,最后完成从量到质的转变。

Q39：企业推进数字化转型相关部门的工作侧重点分别是什么？

A 数字化转型不仅是 IT 部门的职责，应构建起覆盖全员的职能职责体系和协同工作机制，主要涉及的部门和职责有：一是战略部门。牵头负责数字时代企业（组织）内外部环境分析，结合企业（组织）发展战略明确数字时代可持续竞争合作优势需求，制定数字化转型战略，确保企业（组织）发展战略与数字化转型战略协调一致，甚至融为一体。二是 IT（数字化发展）部门。统筹开展数字化转型跨部门协调沟通，以及评价和改进；搭建数字能力平台，灵活赋能业务发展；有条件的企业（组织）可牵头开展数字化转型战略蓝图设计和落地实施机制策划；有条件的部门还可牵头负责流程优化设计、创新管理等。三是业务部门。牵头负责以用户为中心开展业务场景和价值模式设计，完成业务流程优化调整，开展必要基础资源数字化和标准化，开展数据建模。四是人力资源部门。负责依据数字能力建设要求，完善组织机制建设，及时调整岗位职责并明确技能要求；建立数字化人才的教育培养体系，搭建学习、交流和赋能平台；制定和执行覆盖全员数字化转型考核激励机制，并纳入企业（组织）整体绩效考核体系。五是财务部门。负责对数字化转型相关资金统筹管理做出制度化安排，开展资金统筹优化、协同管理和精准核算，确保资金投入有效性、稳定性和持续性。

Q40：能够大范围系统推进企业数字化转型的工作抓手已经有哪些？

A 数字化转型是一项系统性的创新工程，在工作推进过程中，企业（组织）需要从战略全局、全员、全要素、全价值链等出发，开展统筹协同和迭代优化，在全方位宣贯动员的基础上，可构建"诊断、贯标、示范、服务、平台、政策"等"六位一体"的协同工作体系和工作抓手。通过数字化转型诊断发现问题，找准方向，解决干什么的问题；通过以数字化转型为核心内容的两化融合管理体系升级版贯标，引导企业（组织）系统构建转型体系和机制，解决怎么干的问题；通过基于数字化转型方法论分阶段遴选和培育一批示范企业（组织），解决干成什么样的问题；通过以数字化转型方法论、工具集等赋能，将过去以对标经验转移为主的服务转变为围绕用户差异化发展要求的创造创新式启发服务，解决如何有效落地实施的问题；通过构建线上线下协同工作体系，搭建以数字化转型方法论牵引的能力平台，推动知识技能快速扩散和迭代，解决如何开放合作的问题；通过深入研判国际国内形势，策划一体化政策与落地方略，解决如何系统改革创新的问题。其中，数字化转型诊断和两化融合管理体系升级版贯标已构建覆盖全国的协同工作生态，在数万家企业（组织）实现了大范围推广应用，取得了显著工作成效。

数字化转型诊断是一套"把脉问诊"解决方案，围绕企业（组织）数字化转型"往哪儿走""做什么""怎么做""结果如何"等方面，提出企业（组织）数字化转型指标体系，并依托线上服务平台（www.dlttx.com/zhenduan），支持各方对企业（组织）数字化转型的现状和问题进行诊断。企业（组织）通过开展诊断，可量化梳理和评判数字化转型总体现状、薄弱环节、发展趋势，分析企业（组织）数字化转型的战略方向、发展目标、工作重点和路径，形成数字化转型路线图。持续开展诊断工作，有助于企业（组织）以数据优化决策，支持数字化转型推进工作的动态改进和优化。

两化融合管理体系升级版贯标是一套"强身健体"解决方案，引导企业（组织）以价值为导向、能力为主线、数据为驱动，按照《信息化和工业化融合管理体系 要求》（GB/T 23001—2017）、《信息化和工业化融合管理体系 新型能力分级要求》（T/AIITRE 10003—2020）等标准，从战略一致性管控、全要素解决方案策划与实施、能力建设全过程闭环管理等方面入手，系统地构建转型创新机制，实现数字化转型实践从关注局部向统筹全局转变，从关注单一要素向全要素协同创新转变，支撑企业（组织）系统性建设、运行和优化数字能力体系，稳定获取转型价值成效。

【Note】

1. 数字化转型诊断

开展数字化转型诊断有利于导入数字化转型体系方法。通过构建和宣贯一套诊断体系有利于企业（组织）各相关主体对数字化转型的价值导向、体系框架、方法机制达成认识，形成上下统一的共同话语体系。

数字化转型诊断是支撑企业（组织）数字化转型工作决策的重要工具。通过开展数字化转型诊断，企业（组织）可以全面量化梳理和评判企业

（组织）发展现状，准确把脉存在问题，开展企业（组织）内外部对标分析，从而明确企业（组织）数字化转型的方向、目标、重点和路径。周期性开展诊断工作，可以使企业（组织）以数据优化决策，支持数字化转型推进工作的动态改进和优化。

数字化转型诊断是政府和企业（组织）推动数字化转型的重要抓手。数字化转型诊断工作是政府和企业（组织）推进数字化转型的风向标和晴雨表。通过常态化的诊断对标摸清现状、找准问题、明确路线图，建立动态改进和优化机制，提升转型工作针对性和成效。

数字化转型诊断是促进供需精准对接和服务创新的重要纽带。通过诊断，支持服务机构系统梳理用户数字化转型的现状和需求，提高售前咨询、项目实施、售后服务、价值评估等全生命周期的针对性和匹配性，提升服务效率、质量和体验。

2. 两化融合管理体系升级版贯标

两化融合管理体系是企业（组织）系统地建立、实施、保持和改进两化融合过程管理机制的通用方法，覆盖企业（组织）全局，可帮助企业（组织）依据为实现自身战略目标所提出的需求，规定两化融合相关过程，并使其持续受控，以形成获取可持续竞争合作优势所要求的信息化环境下的新型能力。企业（组织）可参照执行该方法体系，保障在两化融合过程中统筹推进战略、业务、技术、管理等方面。

两化融合管理体系升级版的主要改进就是以价值为导向、能力为主线、数据为驱动，系统性融入了数字化转型方法论。升级版聚焦转型、分级分类、突出能力、全程服务，提供从发现问题到解决问题的全程方法论支持，解决数字化转型过程中方法工具支持、解决方案实施、管理机制落地、成效跟踪优化等问题，支持企业（组织）围绕转型更有效地开展创新活动，稳定获取转型价值成效。

两化融合管理体系（升级版）评定结果可衡量企业（组织）数字能力建设的水平阶段，已成为政府、行业、市场、社会各界评判企业（组织）数字经济时代可持续发展潜力的重要依据，逐步成为项目支持、供应链合作伙伴遴选、表彰奖励等的采信指标。

3. 哪里获取诊断、升级版贯标、培训等服务

数字化转型服务平台：www.dlttx.com

数字化转型诊断服务平台：www.dlttx.com/zhenduan

两化融合管理体系评定管理平台：www.dlttx.com/gltx

点亮人才·数字化转型培训服务平台：www.dlttx.com/peixun

点亮百问·数字化转型在线社区：baiwen.dlttx.cn

Q41: 大型企业如何平衡数字化转型培育的新业务与传统主营业务之间的竞争合作关系？

A 数字化转型培育的新业务与传统主营业务之间的竞争主要是对有限资源的竞争，平衡其关系的衡量准则主要是资源的投入回报率。总体而言，相较于传统业务，数字新业务可持续发展空间更大，价值模式更有竞争力，但当前不够成熟，存在试错风险。企业（组织）领导层应认识到数字化转型的必要性、必然性和紧迫性，认识到这是一场投入高、有风险、收益大的战略行动，需要树立数字新业务培育的正确期待，不要仅专注于短期利益，而要兼顾长远利益和近期价值成效，在做好总体战略平衡的基础上，积极培育壮大数字新业务，并尽可能做到事事有着落，步步见成效。为了尽可能减少数字新业务与传统主营业务之间的竞争，企业（组织）应注重建立二者之间的相互正向赋能作用，利用传统主营业务的技术、资源等优势支持推动数字新业务发展，利用数字新业务在新一代信息技术方面的能力为传统主营业务注入新活力、新动能，并持续带来新客户和增长新空间，尽可能实现二者相辅相成、协同发展。

【Note】

数字化转型培育的新业务与传统主营业务之间的竞争主要是对资源的竞争。在企业（组织）内部，资金、人力、技术等关键资源要素都是有限的，如果需要在经营传统主营业务的同时培育新业务势必会涉及资源分配的问题。如何进行合理的资源分配来平衡两类业务的需求是企业（组织）领导层面临的关键挑战。

　　首先，企业（组织）需要明确"新业务"的界定，新业务既可能是在传统主营业务基础上进行的小步创新，也可能是在与传统主营业务关联性较低的领域进行大步探索。

　　如果是在传统主营业务基础上进行的新业务培育，那么企业（组织）可以通过一些业务设计手段来让两类业务产生协同效用，而不是维持对立竞争的关系。一方面，企业（组织）可以利用在传统主营业务上的技术优势和资源积累来拓展新业务，让新业务的培育事半功倍；另一方面，企业（组织）可以利用信息技术在两类业务之间建立联结，让培育出来的新业务反过来助力传统主营业务的发展，为传统业务注入新的增长活力。

　　如果是在与传统主营业务关联性不高的领域进行新业务培育，那么企业（组织）可能会面临一定的增长困境，即传统主营业务受资源约束，增长乏力；而培育新业务又是一项需要长期、大量资金和人力等资源投入的工作，且见效周期长，短期内可能无法转化为收益。在这种"双业务"并驱的模式下，企业（组织）传统主营业务是获得和保持当前盈利及增长的核心，它需要为新业务的培育提供稳定、可靠的现金流和资金保障。

　　具体来说，尽管传统主营业务可能面临着资源约束和增长乏力的问题，但是企业（组织）可以利用信息技术来对传统业务进行转型升级，将其做精做细，激活传统业务的增长动能，创造增量发展空间，实现"开源"；另一方面，企业（组织）可以借助平台力量，减少在经营管理等有关方面不必要的、非核心的支出，提高生产运营效率，实现"节流"。最终通过"开源节流"的方式为新业务发展提供充分的时间和空间。

　　除此之外，做好传统主营业务和培育新业务之间的平衡，最基本也是最重要的一点是，企业领导层应该深刻认识到数字化转型的必要性、重要性和紧迫性，建立对新业务正确的期待，坚定推动新业务培育的决心。领导层需要明确培育新业务必定是一项前期投入高、投资回报不稳定、收益获取周期不确定的战略性工作，且工作推进过程中会面临诸多挑战和压力，短期业绩表现可能会受到一定影响。因此，领导层应该主动承担新业务培育的风险，并且坚定信心和决心，坚决推动落实新业务培育的举措，同时发挥带头作用，营造"敢想敢做"的开放性氛围，为转型打好意识和理念层面的铺垫。

【Case】

1. 在传统主营业务基础上进行的新业务培育

北京汉光百货有限责任公司（简称"汉光"）作为一家传统的线下百货商场，从 2018 年开始培育其线上业务，进而打造自己的智慧零售体系。首先，推出"汉光会员卡"小程序来提供一码结算服务，缩短客户排队付款时间，优化用户体验，同时也将线下收银台从 200 个减少至 18 个，降低了运营成本。此外，会员数据信息可有助于用户画像和精准营销的开展。之后，汉光推出"汉光百货＋"小程序，推广闪购等一系列活动，加速客户的购物决策，并最终实现客户资源从线上到线下的引流，助力传统主营业务发展。借此，汉光线上收入同比增加 70% 左右，共有超过 10 万的用户从线上转移至线下，复购联单率达 40%，创造了超千万营业收入。

2. 在与传统主营业务关联性不高的领域进行新业务培育

大众汽车集团 2016 年 6 月发布战略规划"TOGETHER Strategy 2025"（简称"战略 2025"），主要包括加快电动汽车发展、研发自动驾驶技术、扩张移动出行业务成为新的利润增长点等。落实"战略 2025"，大众汽车集团旗下的合资企业一汽大众汽车有限公司着重从产品数字化和管理数字化两方面推进传统业务转型。产品数字化方面，采用"模块化"生产方式，保持产品技术升级的便利性，进一步缩短汽车的开发、生产和上市周期，同时通用化的零部件和总成也可以大大提高研发效率并降低制造成本。管理数字化方面，一汽大众汽车有限公司在加速物流、生产、工程等流程数字化的同时，对财务、人力、营销等职能部门进行数字化转型，提高管理效能，释放人力、物力，减少不必要的成本支出。2020 年，大众品牌终端销量超过 128 万辆，奥迪品牌终端销量突破 72.6 万辆，捷达品牌终端销量超过 15.5 万辆，尤其宝来、速腾、迈腾等三款车型均进入中国轿车销量排行榜 TOP10，三大品牌在各自的细分市场居领先地位，成为公司销量增长的稳定器。在保持现有产品和业务稳定增长的同时，一汽大众汽车有限公司也在车联网、移动出行等新兴业务领域发力，为企业提供新的利润增长点，2018 年 4 月推出共享出行服务品牌——摩捷出行，在行业中首创"自由取还 + 网点取"还模式，实现一汽大众在移动出行领域从 0~1 的突破，并成为长春、成都等地领先的共享出行服务商。

Q42：是否应万事俱备才能开展数字化转型？

数字化转型已经成为关乎企业（组织）生存和发展的必然选择，用户需求的快速变化、技术变革的迭代更新、商业模式的颠覆重构、竞争环境的诡谲多变都使得企业（组织）数字化转型迫在眉睫，绝不可等万事俱备才付之于行动。

数字化转型是一个利用新一代信息技术进行全方位、全链条、多场景创新的过程，无论是技术创新、产品创新还是模式创新，都具有明显的头部效应，赢者通吃，最先获得成功者也将会是最大受益者。对有前瞻远见的企业（组织）而言，无论是从生存还是发展的角度，都亟须抢占数字化转型先机，但创新的收益和风险并存，收益越高，风险越大。因此，企业（组织）的数字化转型也不能盲目跟风冒进，应该应用系统性架构方法，降低转型的风险，提高稳定获取创新成效的能力。其一，选择科学、系统的方法论，准确把握数字化转型的基本规律，指导企业（组织）系统性开展数字化转型顶层设计、战略布局和落地实施。其二，坚持价值导向、能力主线、数据驱动，始终以价值效益作为推进数字化转型工作的出发点和落脚点，以数字能力为主线构建战略动态调整和闭环管控机制，充分发挥数据要素的驱动作用，加快构建基于数据要素的新业务体系、新商业模式。其三，与客户、供应商、合作伙伴共同搭建开放式生态合作体系，共担风险，共享收益，借助生态合作伙伴的资源和能力，提升应对不确定性的合力，平衡数字化转型风险，提升转型成功的概率。

Q43：数据管理如何才能更好地服务于数字化转型战略全局？

A 将数据作为关键资源、核心资产进行有效管理，充分发挥数据作为创新驱动核心要素的潜能，深入挖掘数据作用，是企业（组织）推进数字化转型，开辟价值增长新空间必须具备的新型能力。为了避免为数据管理而数据管理，将数据管理全面融入企业（组织）数字化转型全过程，应将数据管理纳入数字化转型核心能力体系，以价值效益为导向，系统开展数据管理和开发能力建设和应用，以该新型能力赋能业务创新转型，构建竞争合作新优势，改造提升传统动能，形成新动能，创造新价值，实现新发展。数据管理和开发能力既包括开展跨部门、跨企业（组织）、跨产业数据全生命周期管理，提升数据分析、集成管理、协同利用和价值挖掘等能力，也包括基于数据资产化运营，提供数字资源、数字知识和数字能力服务，提升培育发展数字新业务等能力。

新型能力的建设是一项系统工程，应强调其系统性、体系性和全局性，按照价值体系创新和重构的要求，从过程维、要素维、管理维三个维度系统开展数据管理和开发能力的识别、建设和应用，形成与之相匹配的涵盖策划、支持、实施与运行、评测和改进等过程管控机制，涵盖数据、技术、流程、组织等四要素的系统性解决方案，涵盖数字化治理、组织机制、管理方式和组织文化等治理体系，确保数据管理和开发能力更有效地服务于数字化转型战略全局。

Q44：如何更有效地开展数据管理？

A数据管理涵盖数据采集、存储、处理、治理、集成、访问等数据全生命周期的管理能力。数据资产是企业（组织）合法生成和治理形成，由企业（组织）控制和管理，并且具有分析价值的数据资源，是数字化转型的基础生产材料和驱动要素。只有将数据作为关键资源、核心资产进行有效管理，才能充分发挥数据作为创新驱动核心要素的潜能，深入挖掘数据作用，开辟价值增长新空间。

——王晨　清华大学

【Note】

　　数据管理的主要价值是通过数据要素资产化管理，提供来源更全面、格式更规范、质量更加高的持久化存储数据，更加有力地支持数据要素价值挖掘，充分激活数据创新驱动潜能。为加强数据要素的开发利用，按照数据生命周期，数据管理过程包括数据采集、数据存储、数据处理、数据治理、数据集成与访问等方面。

　　一是数据采集。通过完善数据采集范围和手段，利用传感技术、网络爬虫技术、数据同步技术等，实现设备设施、业务活动、供应链/产业链、产品全生命周期、生产全过程乃至产业生态相关数据的自动/半自动采集，完成数字化体系中最为基础的感知工作，并通过网络传输、物理拷贝等方式完成数据向边缘侧或云端存储介质的传递，解决企业（组织）有什么数据的问题，其业务覆盖面、数据采集频率、测量精度等决定了数据资产的基础质量。

　　二是数据存储。数据完成采集后，以数据后续持续使用为目的，需要完成在数据持久化介质上的存储，根据不同的数据类型，可以选择文件系统、关系型数据库、图数据库、时序数据库等不同的数据管理系统存储，按照不同的使用目的，可选择数据库、数据仓库、大数据平台分别处理在线事务处理（OLTP）、联机分析处理（OLAP）、大数据分析等不同的工作负载，最终提供数据资产的对外访问能力。

三是数据处理。数据处理任务本质上完成数据集到新的数据集的转换，而这种转换的目的是通过对数据的加工，使得数据中所包含的信息进一步显性化，例如对单件销售数据进行分类统计，形成各品类销量对比数据，抑或是对时间序列数据进行频域变换，得到其谱特征，都是通过对数据的处理得到新的二次数据的过程，最终丰富企业的数据资产体系，并进一步提升数据资产在业务层面的可用性。

四是数据治理。数据治理以数据为对象，通过一系列的框架和方法指导企业开展数据资产管理工作，回答数据在哪里、数据是什么、数据谁负责等核心问题。管理必须和技术紧密结合，其重点内容涵盖数据治理战略，包括数据治理的规划、方向、目标、原则等；数据治理组织架构，包括数据治理委员会、数据治理归口管理部门及数据治理岗位人员等；数据治理制度流程，包括元数据管理、数据模型管理、数据标准管理、数据质量管理等。

五是数据集成与访问。从数据资产管理的角度，数据集成技术立足于降低多源异构数据访问复杂性，通过采用数据接口、数据交换平台等，使能多源异构数据实现在线交换、数据同步、数据连接和集成共享。在大数据场景下，数据湖等技术还提供了使用不同数据模型和差异化的访问接口的异构数据管理引擎的统一访问能力。此外，数据中台等架构体系进一步提出可以通过数据服务的方式将集成好的业务数据通过服务化接口，甚至自然语言等访问方式提升数据资产使用的易用性。

除了上述五方面之外，数据安全问题也是数据管理中不可忽略的一个重要方面，包括数据的分级分类、隐私保护、权限管理、访问行为审计、数据加密等多个方面，主要解决如何让数据资产使用得更安全的问题。

Q45：如何有效地推动数据流动和资产化运营？

数据资产化运营是合理配置、充分交换（流动）、有效利用数据并创造价值的所有活动。为了更好地实现数据资产化运营，其前提就是有效促进数据按需流动，无法流动的数据很难创造价值，因此应避免过度关注数据本身的价值，而主要强调数据流动到不同场景中的应用价值，形成在数据资产化运营中按贡献分配的新机制。此外，数据流动和资产化运营是一项新事物，需要技术、组织能力、经济、法律等多方面的共同努力。一是技术层面，需要建立流通平台与机制（包括服务、管理、技术保障等），构建数据安全与防护的技术体系；二是组织能力层面，需要构建完备的数据治理体系，保障数据供给侧的质量，为数据资产化运营奠定基础；三是经济层面，需要建立合理的数据应用价值评价体系，通过价值流来推动数据流；四是法律角度，需要构建数据确权体系，对数据的所有权、管理权、使用权、经营权、知晓权等有明确界定。只有经过多个方面的系统推进，才能更有效地推动数据流动，促进数据的资产化运营。

——王晨　清华大学

【Note】

数据的价值属性需要在数据的应用和流通中体现，数据流动范围越广，其应用价值就越大。数据资产化运营可以为数据创造更多的附加价值，让数据真正流动起来，实现价值的倍增效应，加速数据价值变现。数据资产化运营的关键在于数据价值的变现，通过分析挖掘数据，并将其应用到相关业务场景，将数据变现为用户价值、企业价值或社会价值。为加速数字经济发展，需要大力推进数据流动，不断提高数据资产化运营的水平。具体而言，需要从技术、组织能力、经济、法律等多个角度共同努力。

一是在技术层面，需要建立流通平台与机制（包括服务、管理、技术保障等），构建数据安全与防护的技术体系。我国已经形成政府大数据、互联网大数据、行业大数据等三大类数据资产的格局，因此，以数据资产化运营手段唤醒单个组织内部的数据，不仅可以帮助蕴藏在不同组织相对隔绝的数据，碰撞出新的可能性，承担起经济调结构、稳增长的重任，还可以深度参与供给侧结构性改革的历史进程，实现从数据资源汇聚到数据资产化运营、数据价值变现的路径演变。在缺乏流通平台（及背后的交易规则、定价标准等）的情况下，数据交易通常一对一交易，定价困难、交易效率低、成本高，制约了数据资产的流动。通过流通平台，构建多对多的交易机制，将大幅提高数据的可得性。此外，通过数据安全意识培养和安全防护发展，避免数据泄露，从技术角度支持解决数据流通面临的诸多问题，将促进数据价值的充分释放。

二是在组织能力层面，需要构建完备的数据治理体系，保证数据具备交换的价值基础。数据治理试图通过一系列的框架和方法，引导企业有效开展数据管理工作，解决数据在哪里、数据由谁负责等问题。数据治理不仅仅是一项技术工作，还需要管理和技术紧密结合，就工作内容而言是"七分管理、三分技术"。不同机构对数据治理体系的划分不完全相同，但至少包含以下三项内容。（1）数据治理战略，包含数据治理的规划、方向、目标、原则等；（2）数据治理组织架构，一般在决策层成立数据治理委员会、"一把手"挂帅，管理层设立对数据治理的归口管理部门，操作层则明确相应的岗位和人员；（3）数据治理制度流程，推进企业内部的数据管理制度建设，涉及元数据管理、数据模型管理、数据标准管理、数据质量管理等方面。

三是在经济层面，需要建立合理的数据价值评价体系，通过价值流来推动数据流。数据资产具有无形资产的属性，具有无消耗性、增值性、依附性、价值易变性等特征。数据只有应用在具体场景中，才会体现其价值，伴随着不同的场景，同样的数据会表现不同的价值。因此，数据资产的价值评估和现有资产的评估方法有很大不同。数据资产价值的评估可以基于两个主要因素：数据成本和数据收益。数据成本主要是从数据拥有方予以考虑，是数据拥有方制定数据价格的主要出发点。数据收益主要是从数据使用方予以考虑，可探索在数据资产化运营中，根据不同的应用场景，形成按贡献分配的价值评价和分享机制，从而更有利于促进数据按需流动和更有效实现资产化运营。

四是在法律层面，需要构建数据确权体系，对数据的所有权、管理权、使用权、经营权、知晓权等进行明确界定。数据已经成为一种重要的生产要素，如果数据可确定为资产，那就要从法律层面解决数据确权的问题。包括：（1）数据资产的产权方，或者实际控制人，这与数据产生的物理装置的所有权和商务约定有密切关系，数据的生产者不一定是数据的拥有者。在设备代运维或租赁模式下，设备的状态监测数据的产权方应该是设备所有者，而不是业主，但工艺量数据归业主；在工业服务模式下（例如，提供工业气体服务，而不是空压机），无论是设备状态监测数据还是工艺过程量的所有权都归服务提供商。（2）数据采集的合法合规性，即通常说的"合法正当原则""知情同意原则""必要性原则"。（3）使用场景和手段，即便企业对数据拥有 100% 的产权，或者合法合规的实际控制权，也不能对数据不分场景地任意使用。因此，数据管理的一项重要工作就是定义数据的使用场景。什么样的数据，可以应用于什么场景？谁来使用？使用的前提条件是什么？这些都需要认真思考，需要必要的规章制度。（4）数据安全责任，包括存储安全管理、关键信息匿名化、访问权限管理等。在技术上，区块链是一种可行选择，它可在网络上实现去中心化分布式数据存储，并且通过智能合约，当合约中的条款被触发时将会自动执行条款内容。

Q46: 数字化转型安全体系建设的关键点有哪些?

A 伴随数字化转型深入发展,企业从封闭走向开放,安全形势日趋严峻,必须统筹安全技术体系、管理体系、运营体系建设,加快从过去静态被动、单点防御的安全体系向主动防御、立体全面的安全体系转型,持续强化网络、数据、系统、平台、人员等安全能力建设。现阶段,数字化转型安全体系的建设重点主要包括工业控制系统安全防护、人员安全可靠、数据安全保护、体系化的网络安全防控方案等。

——杨晨　中国科学院软件研究所

【Note】

工业控制系统安全防护是指提升工业控制系统安全态势感知、安全防护、应急处置等能力,夯实工控安全保障。

人员安全可靠是指负责建设、运维等人员要忠诚可靠,不会泄露企业数据信息和破坏系统运行。

数据安全保护是指企业要采用技术、管理等措施对所拥有的重要数据、个人信息等进行安全保护,满足相关法律法规及政策管理规定。

体系化的网络安全防控方案是指企业推进实施数字化转型时,要同步规划、同步建设、同步运行网络安全方案,采用必要的技术措施、管理机制确保数字化转型安全。

参考文献

[1] 习近平在2014年国际工程科技大会上的主旨演讲[EB/OL]. (2014-06-03) http://www.xinhuanet.com/politics/2014-06/03/c_1110968875.htm.

[2] 中华人民共和国国民经济和社会发展第十四个五年规划和2035年远景目标纲要[EB/OL]. (2021-03-13) http://www.gov.cn/xinwen/2021-03/13/ content_5592681.htm.

[3] 工信部两化融合管理体系联合工作组. 信息化和工业化融合管理体系理解、实施与评估审核[M]. 北京: 电子工业出版社, 2015.

[4] 周剑, 陈杰, 金菊, 等. 数字化转型 架构与方法[M].北京: 清华大学出版社, 2020.

[5] 周剑, 陈杰, 李君, 等. 信息化和工业化融合 方法与实践[M].北京: 电子工业出版社, 2019.

[6] 中信联·点亮智库. 企业数字化转型指数//北京大学. 数字生态指数2020[R].

[7] 姜奇平, 左鹏飞. 数据生产力的增长理论: 从规模经济到范围经济//中国信息化百人会, 阿里研究院. 数据生产力崛起 新动能 新治理[R], 2020.

[8] 周剑. 创新模式的迁移: 从试验验证到模拟择优//中国信息化百人会, 阿里研究院. 数据生产力崛起 新动能 新治理[R], 2020.

[9] 周剑, 金菊. 实施组织层面的"转基因工程": 通向数字时代的"入场券"//中国信息化百人会, 阿里研究院. 数据生产力崛起 新动能 新治理[R], 2020.

[10] T/AIITRE 10001—2020. 数字化转型 参考架构[S].清华大学出版社，2020.

[11] T/AIITRE 10002—2020. 数字化转型 价值效益参考模型[S].清华大学出版社，2020.

[12] T/AIITRE 20001—2020. 数字化转型 新型能力体系建设指南[S].清华大学出版社，2020.

[13] T/AIITRE 10003—2020. 信息化和工业化融合管理体系 新型能力分级要求[S].清华大学出版社，2020.

[14] T/AIITRE 20002—2020. 信息化和工业化融合管理体系 评定分级指南[S].清华大学出版社，2020.

[15] GB/T 23000—2017.信息化和工业化融合管理体系 基础和术语[S].中国标准出版社，2017.

[16] GB/T 23001—2017.信息化和工业化融合管理体系 要求[S].中国标准出版社，2017.

[17] GB/T 23002—2017. 信息化和工业化融合管理体系 实施指南[S].中国标准出版社，2017.

[18] GB/T 23003—2018. 信息化和工业化融合管理体系 评定指南[S].中国标准出版社，2018.

[19] GB/T 23004—2020. 信息化和工业化融合生态系统参考架构[S].中国标准出版社，2020.

[20] GB/T 23005—2020. 信息化和工业化融合管理体系 咨询服务指南[S].中国标准出版社，2020.

[21] GB/T 23020—2013. 工业企业信息化和工业化融合评估规范[S].中国标准出版社，2013.

[22] ITU–T Y.4906.Assessment framework for digital transformation of sectors in smart cities[S]. International Telecommunications

Union–Telecommunication Standardization Sector (ITU–T).

[23] ITU–T Y Suppl.52. Methodology for building digital capabilities during enterprises' digital transformation[S]. International Telecommunications Union–Telecommunication Standardization Sector (ITU–T).

DLTTA 系列成果：数字化转型百问（第一辑）

文档编号：DLTTAT20210001CN

本成果版权属于由北京国信数字化转型技术研究院组建的智库联合体——点亮智库，授权中关村信息技术和实体经济融合发展联盟发布和使用，受法律保护。转载、摘编或利用其他方式使用本成果文字或者观点的，请注明来源。

点亮智库体系架构（DigitaLization Think Tank Architecture, DLTTA）为点亮智库研究品牌。DLTTA系列成果致力于为企业、服务机构、科研院所、社会团体、政府主管部门等相关方提供涵盖数字化转型理论体系、方法工具、解决方案和实践案例等的方法论，以方法论让创新变得简单，以创新驱动高质量发展。

与本成果内容相关的任何评论可通过电子邮件发送至：baiwen@dlttx.com。

获得数字化转型资讯和服务

中信联微信公众号	数字化转型服务平台：www.dlttx.com 数字化转型诊断服务平台：www.dlttx.com/zhenduan 两化融合管理体系评定管理平台：www.dlttx.com/gltx 点亮人才·数字化转型培训服务平台：www.dlttx.com/peixun 点亮百问·数字化转型在线社区：baiwen.dlttx.cn

如果想要参与数字化转型百问工作，可以联系我们

点亮智库·中信联联系方式

电话：010-63930466

邮箱：baiwen@dlttx.com